一流本科专业建设系列教材·药学专业

药用植物学与生药学实验及学习指导

主　审　沈报春

主　编　唐丽萍　杨耀文

副主编　杨淑达　张　洁　张德全　杨青松　何　方

编　者（以姓氏拼音为序）

陈钰沁（昆明医科大学海源学院）
何　方（昆明学院）
胡炜彦（昆明医科大学）
李国栋（云南中医药大学）
李宏哲（云南中医药大学）
刘小莉（云南中医药大学）
陆　露（昆明医科大学）
普春霞（云南中医药大学）
唐丽萍（昆明医科大学）
杨青松（云南民族大学）
杨淑达（昆明医科大学）
杨耀文（云南中医药大学）
张　洁（云南中医药大学）
张彬若（云南中医药大学）
张德全（大理大学）
张国莉（昆明医科大学）
周　静（昆明医科大学）

数字资源（以姓氏拼音为序）

唐丽萍（昆明医科大学）
张　洁（云南中医药大学）
张德全（大理大学）

科学出版社

北　京

内 容 简 介

《药用植物学与生药学实验及学习指导》包括四部分，即植物学和生药学实验的基本研究方法、基础性实验、综合性实验以及药用植物学与生药学习题集。本书选用的实验材料易于获得，旨在鼓励学生自主采集实验材料进行探索性学习。代表性实验配有原创性显微图片，以便学生对比学习。习题集便于学生对理论知识进行复习和自测。

本书可作为高等院校和高职高专院校的药学专业、中药学专业、生物制药专业及其他相关专业的教学用书或参考书。

图书在版编目（CIP）数据

药用植物学与生药学实验及学习指导 / 唐丽萍，杨耀文主编. —北京：科学出版社，2022.2

一流本科专业建设系列教材 · 药学专业

ISBN 978-7-03-068670-1

Ⅰ. ①药… Ⅱ. ①唐… ②杨… Ⅲ. ①药用植物学－实验－高等学校－教材②生药学－实验－高等学校－教材 Ⅳ. ①Q949.95-33 ②R93-33

中国版本图书馆 CIP 数据核字（2021）第 075225 号

责任编辑：李 植 / 责任校对：宁辉彩

责任印制：赵 博 / 封面设计：陈 敬

版权所有，违者必究。未经本社许可，数字图书馆不得使用

科学出版社出版

北京东黄城根北街 16 号

邮政编码：100717

http://www.sciencep.com

三河市骏杰印刷有限公司印刷

科学出版社发行 各地新华书店经销

*

2022 年 2 月第 一 版 开本：787×1092 1/16

2025 年 1 月第五次印刷 印张：8

字数：230 000

定价：39. 80 元

（如有印装质量问题，我社负责调换）

前 言

药用植物学与生药学是药学、中药学专业及其他相关专业的专业基础课，也是实践性很强的学科。药用植物学与生药学的实验课程是课程教学中的重要环节，是培养学生实践能力、解决问题能力的重要手段。实验课程的教学，不仅可以帮助学生在理论联系实践的思维模式下巩固和拓展理论知识，同时也能为后续课程的学习及将来的工作实践打下坚实的基础。

本书共分四部分，即植物学和生药学实验的基本研究方法、基础性实验、综合性实验及药用植物学与生药学习题集。其中，基础性实验和综合性实验共 15 个，实验内容丰富、安排紧凑，各学校可根据实际情况选做部分或全部内容。本书选用的实验材料典型、实用、覆盖面广、易于获得，旨在鼓励学生发挥自主学习的主观能动性，自己采集实验材料进行探索性学习。针对代表性实验，本书配有原创显微图片，以便学生在实验过程中对比学习。本书还附了大量的习题，以便学生对所学理论知识进行巩固和自测。

本书可作为高等院校和高职高专院校的药学专业、中药学专业、生物制药专业及其他相关专业开设药用植物学、生药学、中药鉴定学等相关实验课程的教学用书或参考书。

由于编写水平有限，虽已尽力为之，但存在疏漏仍在所难免，敬请广大师生和读者批评指正，以便修订时完善。

编 者

2020 年 3 月

目　　录

第一部分　植物学和生药学实验的基本研究方法

显微镜的相关知识及临时装片的制作

【实验目的】

1. 正确且熟练使用显微镜。
2. 掌握徒手切片的制作方法。
3. 掌握药材粉末装片的制作方法。

【仪器与用品】

显微镜、目镜测微尺、镜台测微尺、载玻片、盖玻片、擦镜纸、酒精灯、双面刀片、镊子、牙签、解剖针、吸水纸、蒸馏水、饱和水合氯醛溶液、稀甘油、斯氏液、培养皿等。

【实验材料】

1. 新鲜材料　洋葱鳞茎，蚕豆、白菜等植物的新鲜叶片，红辣椒，萝卜等。
2. 粉末　藕粉，大黄（或半夏等药材）粉末。
3. 永久装片　洋葱根尖纵切片等。

【实验内容与步骤】

一、显微镜的构造、正确使用和维护方法

取洋葱根尖纵切片观察根冠、根毛、根尖细胞、染色体等结构，熟悉显微镜的结构、正确使用和维护方法。在低倍镜下熟练观察整个根尖的形态、结构，特别注意观察根冠和根毛；在高倍镜下熟练观察根尖细胞、染色体等结构。

（一）显微镜的构造

一般光学显微镜分为光学系统部分和机械装置部分。光学系统部分用于成像，而机械装置部分则用于安置光学系统部分（图 1-1）。

1. 显微镜的机械装置

（1）镜座：是显微镜的基础部分，用于支持镜体。
（2）镜柱（执手）：是镜座上面直立的部分，用于连接镜座和镜臂。
（3）镜臂：是取放显微镜时手握部位，一端连于镜柱，一端连于镜筒。
（4）镜筒：连在镜臂的前上方，镜筒上端装有目镜，下端装有物镜转换器。
（5）调节器（调节螺旋）：是装在镜柱上的螺旋，调节时使镜台作上下方向的移动，分大小两

本书内容依据《中国药典》2020 年版。

种。大螺旋或粗螺旋又称粗调节器、组调节螺旋：移动时，可使镜台作快速和较大幅度的升降，移动距离大，便于迅速找到物像，但调节焦距粗放，物像欠清晰，通常在使用低倍镜时，先用粗调节螺旋找到物像。小螺旋或细螺旋又称细调节器、细调节螺旋，移动时可使镜台缓慢地升降，通常在运用高倍镜时使用，可得到更清晰的物像。

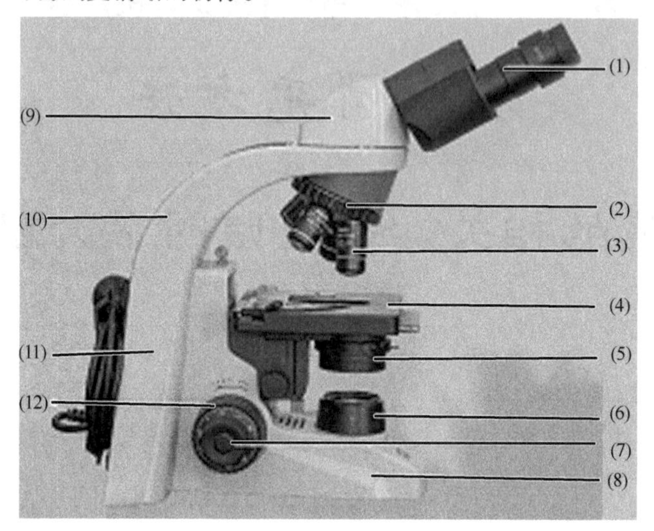

图 1-1　显微镜结构图

（1）目镜；（2）物镜转换器；（3）物镜；（4）载物台；（5）聚光器；（6）反光镜；（7）细调节螺旋；（8）镜座；（9）镜筒；（10）镜臂；（11）镜柱；（12）粗调节螺旋

（6）载物台：在镜筒下方，分方形或圆形两种，用于放置玻片，中央有一通光孔；载物台上装有玻片推进器(推片器)，推进器左侧有弹簧夹，用于夹持玻片；载物台下有推进器调节轮，可使玻片沿左右、前后方向移动。

（7）物镜转换器：是装置接物镜的圆形部分，可以转动，便于按需要转换物镜。简单的显微镜转换器上只装有两个物镜，生物学显微镜可以安装三个物镜，科学研究用的显微镜可以安装多达四个以上。

2. 显微镜的光学系统　主要包括物镜、目镜、聚光器和反光镜四个部件。

（1）目镜：又称接目镜，相当于一个放大镜，把已经被物镜放大了的像进一步放大。每架显微镜有多个不同倍数的目镜，如 6 倍、8 倍、10 倍、15 倍、16 倍等。简单的显微镜一般只有两个目镜。

（2）物镜：又称接物镜，它的作用是将被观察的标本作第一次放大，然后再由目镜作第二次放大。根据使用条件的不同，物镜可以分为干燥物镜和浸液物镜。用干燥物镜观察标本时，在物镜与标本间不加任何东西（即以空气为介质）；用浸液物镜时，在物镜和标本之间需要用折射率大于 1 的液体作为介质。浸液物镜分为水浸物镜和油浸物镜两种，一般常用的是油浸物镜，简称油镜。通常油镜的放大倍数为 90～100 倍。简单显微镜仅配有两个物镜，一个是低倍物镜（10 倍），一个是高倍物镜（40 倍）。除高、低倍物镜外，生物学显微镜和研究用显微镜还配有油镜（100 倍）。

（3）聚光器：也称集光器，主要由聚光镜和可变光阑组成。聚光镜由一片或数片透镜组成，其作用相当于凸透镜，起汇聚光线的作用，增强对标本的照明。可变光阑又称虹彩光圈，简称光圈；位于聚光镜下方，由十几张金属薄片组成，中心部分形成圆孔，用于调节光强度。推动光圈的调节把手，可以调节圆孔的大小；推动调节把手时，不要用力过猛，也不要用手指触摸光圈的薄片，以免造成破坏。简单的显微镜由于放大倍数低，没有安装聚光器。

（4）反光镜（反射镜）：通常一面是平面镜，另一面是凹面镜，装在聚光器下面的镜座上，可以在水平与垂直两个方向上任意旋转。反光镜的作用是使光源发出的光线或天然光线射向聚光器。不用聚光器时，用凹面镜起会聚光线的作用；用聚光器时，一般都用平面镜。采用内部光源的显微镜，可调节卤素灯的亮度实现对观察视野光强度的调整。

（二）显微镜的正确使用

1. 取用显微镜　从镜柜中取用显微镜时，要用右手紧握镜臂，把显微镜轻轻拿出，由于镜体较重，同时必须用左手托住底座，保持镜身直立，以免目镜掉落损坏，才能做较远距离的搬动。放置时要轻，先以底座前一部分接触桌面，然后放平整个底座，勿使其受震动。

2. 显微镜的放置　将显微镜置于实验台上时，应放在身体的左前方，离桌子边缘为5～6cm处。右侧可放记录本或绘图纸等。在整个实验过程中不要移动显微镜，如果坐着感到目镜位置太高，观察不方便，可以将显微镜稍稍倾斜，但是倾斜角度不宜过大，以免显微镜翻倒；观察液体标本时不宜倾斜显微镜，可升高座位观察。

3. 调节目镜与对光　使用显微镜前，首先需调节目镜，使两个目镜之间的距离与两眼的瞳距相吻合；其次，要调节好光源，在实验室中可利用灯光或自然光，但不能用直射的阳光，以免损伤眼睛。为了迅速而精确地对光，应旋转物镜转换器使低倍物镜正对通光孔，把光圈放到最大位置。在用目镜观察的同时，转动反光镜，使视野的光线明亮而且均匀。如果靠近光源，可用平面的反光镜；如果光源距离较远，可用凹面的反光镜。对光时，还要注意调节聚光器的位置，升降聚光器可以调节光的强度。

4. 标本的放置　把标本放在显微镜的载物台上，要观察的部位应准确地移到物镜的下面（对准载物台上的圆孔），然后用压片夹压紧。

5. 观察方式　观察时要同时睁开双眼，切勿睁一只眼睛，闭一只眼睛；用左眼观察显微镜目镜视野中的像，边观察边绘图或做记录；多加练习就能养成良好的习惯。

6. 低倍物镜的使用

（1）调节焦距：正确对光后，徐徐转动粗调节螺旋使镜筒下降直到物镜与玻片标本相近，观察物镜与玻片的距离，以免触及，损坏物镜。然后再慢慢使镜筒上升，并用左眼观察，直至看到标本为止，如物像不在中央，可移动玻片至见到物像为止。

（2）视野亮度的调节：如视野照明不足或过强，可再用光圈来调节。在观察标本时，首先在低倍物镜下观察标本的概况，如果需要观察的部分位于视野的一侧，则要移动标本，将目标部位移到中央。移动标本时，应注意显微镜中所形成的像是倒像，因此要改变图像在视野中的位置时，需向相反的方向移动标本，即标本移动的方向与物像移动的方向相反。

有的显微镜带有4倍或5倍的物镜，使用时，其焦距与10倍和40倍物镜不同，因此当由4倍或5倍物镜转换为10倍物镜观察标本时，需要重新聚焦。

7. 高倍物镜的使用

（1）在低倍物镜下找到物像后，将标本或目标部位置于视野的正中央，并用压片夹夹住。

（2）转动物镜转换器，更换高倍物镜，转换时，不需提升镜筒。

（3）如观察到的物像模糊，就用调节器慢慢向上调节。如不能看到物像，用细调节螺旋微微下降物镜，再行观察。

（4）如视野光亮不足，可开大光圈。在调节光圈时，不要触动反光镜，以免改变光线的折射方向。

在实验观察中，往往是高、低倍物镜交互使用。低倍物镜下产生较宽广的视野，用于观察实验标本的全貌。高倍物镜用于观察（研究）实验标本的局部精细构造。

8. 更换标本　先移开物镜，将载物台降到最低，再换新标本，再重复以上步骤。

每位同学必须熟练使用显微镜，并能讲述其操作过程。要求人人过关，在实验课中随机抽查。本部分内容也是实验操作考试的必考内容。

（三）显微镜的维护方法

显微镜的各部分应保持清洁，如机械部分有灰尘污垢，可用清洁软布擦掉，如透镜有污垢切勿用手指或手帕擦拭，更不能用粗糙的东西去擦，要用柔软的擦镜纸或绒布轻轻擦拭，必要时可蘸取少许二甲苯擦之。

用高倍物镜观察临时玻片标本时，必须在临时玻片标本上加盖盖玻片，以免物镜被沾污而霉损。

细调节螺旋是显微镜上易损坏的部件之一，要尽量保护。一般用低倍物镜观察时，用粗调节螺旋即可调好焦距，不用或尽量少用细调节螺旋。使用高倍物镜如需要用细调节螺旋时，其旋钮转动幅度应不大于半圈。

取用显微镜要握紧，轻放，避免震动。用后要归还镜箱，各个附件要清点齐全，将镜箱锁住，并放于镜柜内。凡是实验用的试剂（如酸、碱之类）不能放在镜柜内，更不能与透镜及其他部分接触。

显微镜的光学系统部分不要拆卸、调换，每次使用完毕，应将物镜适当升高并旋离通光孔，使物镜转成八字形垂于镜筒下，以免物镜镜头下落与聚光器相碰撞。也可用清洁的白纱布垫在载物台与物镜之间。

如使用显微镜过程中发现显微镜有问题，应立即报告，以便及时处理或维修。

二、临时装片的制作

（一）临时水封片

（1）准备好载玻片、盖玻片，擦拭时小心，以免弄碎玻片。

（2）用滴管在载玻片的中央滴一滴蒸馏水，用镊子或解剖针取植物材料置于水滴上，并使材料展开或分散均匀。

（3）盖上盖玻片，用镊子夹住盖玻片的一边，另一边与水滴的边缘接触，慢慢放下盖玻片，避免混入气泡。用吸水纸吸掉盖玻片周围多余的水。

练习：撕取洋葱鳞茎的内表皮或蚕豆、白菜等植物的新鲜叶片表皮制作临时水封片。

（二）徒手切片

（1）用左手的拇指和示指捏住材料，材料略高出指尖，以免切时伤及手指。右手握住双面刀片。材料和刀片浸润蒸馏水，以减少摩擦。材料太薄时，可以用两块萝卜把材料夹在中间，再进行切片。

（2）切割时，用臂力带动刀片自左前方向右后方做水平切割移动。割下多片切片后，将切下的薄片轻轻移入盛蒸馏水的培养皿中，从中挑选薄而透明的切片，放在载玻片的水滴中，加盖玻片观察。

练习：徒手切取红辣椒的果皮，或蚕豆、白菜等植物的新鲜叶片横切片制作徒手切片。

（三）粉末封片

1. 常规制片法

（1）用镊子或牙签取少许粉末，置于载玻片中央。

（2）滴加2～3滴饱和水合氯醛溶液，在酒精灯上加热、透化，注意勿使溶液沸腾；反复1～2次，使材料颜色变浅，透化完全。

（3）滴加1～2滴稀甘油，可用解剖针拌匀。

（4）加盖玻片封片，用吸水纸吸掉多余的溶液。

此方法可以观察到细胞、组织的清晰轮廓；但是不宜用于观察淀粉粒、脂肪油滴、色素等内含物。

2. 水装片

（1）用镊子或牙签取少许粉末，置于载玻片中央。

（2）滴加1～2滴蒸馏水，或1～2滴斯氏液（乙酸：甘油：水为1：1：1），可用解剖针拌匀。注意滴加溶剂时，滴头不沾到材料，以免污染溶剂。

（3）加盖玻片封片：此方法用于观察淀粉粒、脂肪油滴、色素颗粒等内含物；但是细胞、组织轮廓不清晰。

练习：制作藕粉、大黄（或半夏等药材）粉末的封片，观察比较两种方法对同一种材料的观察结果。

三、显微绘图和测量

（一）显微绘图

生物绘图又称生物制图，是生物科学绘画的简称，是记录植物形态结构的方法（绘图法、照相法、录像法等）之一，通常用点线图的形式来描绘。生物绘图是形象描绘生物外部形态和内部结构的一种重要的科学记录方法，具有科学性、比例正确、层次分明等基本特征。

显微绘图是生物绘图的一种，专指对显微镜下细胞、组织的形态和结构的描绘。

显微绘图一般包括以下 7 个步骤。

1. 细心观察　绘图前，先要仔细观察绘图对象，看清各部分的结构。同时要注意区分正常的或一般的结构与偶然的或人为的“结构”。然后，选择代表性的典型部位进行绘图。

2. 确定绘图位置　绘图前，要确定绘图对象在报告纸上的位置，然后才能开始绘图。不能任意地、毫无计划地在纸上绘图，否则会使所画的图偏于纸的一角或位置不适当（或过大、过小），从而影响标注或文字说明。一般根据在报告纸上要画几个图来确定位置。如果要画两个图，那么先要在报告纸上方留下一部分空档，以便写下本次实验名称和实验人的班级、姓名及实验日期等。左侧要留有一定边缘，以备装订之用。余下部分，可一分为二，作为绘图的位置。

3. 确定绘图大小　当绘图的位置确定以后，就要确定图的大小。一般要尽可能地把图画大一些。如果画的是细胞图，为了清楚地表明细胞内部结构，所画细胞不宜过多，只画 1～2 个即可。如画轮廓图或图解图，不一定画出全部切面（如根或茎的横切面），只画部分即可，可根据情况，选择绘制切面的 1/2、1/4 或 1/8 等。

4. 起稿　是勾画轮廓的过程。绘图时先用 HB 铅笔起草，如果画细胞结构图，要把细胞的轮廓轻轻描出。描图时，要不断地观察显微镜，注意所绘细胞的大小、宽狭、长短等是否与观察的细胞相符合。同时，也要注意细胞的内部结构（如细胞壁的厚度、细胞核的大小，以及与整个细胞的比例等）要与实际相符。当草图与实物基本符合后，用硬铅笔（2H 或 3H）把各部分的结构画出来。绘图时，应注意细胞壁要用平行的双线表示，要一笔勾出，粗细均匀、光滑清晰，切勿重复描绘。原生质体内的结构（如细胞质和细胞核等）要用不同疏密的小点表示（一般情况下不要用颜色铅笔或普通铅笔涂抹代替小点）。要画出该细胞与其他细胞的一些连接处，以表示所画的细胞不是孤立的。轮廓图也和细胞图一样，要注意各部分结构的比例、大小。但细胞的内部结构不必表示。

5. 定稿　对草图进行修正和补充，用硬铅笔（2H 或 3H）将全图绘出。图画好后，要再与显微镜下实物对照，检查是否有遗漏或错误。

6. 标注名称　用直线指明要标注的部位，用正楷字标注相应的名称，一般可分为直接标注和间接标注。引指示线时要注意：指示的部位要典型，具有代表性；指示线要尽量引向图的右侧；尽量避免指示线的迂回、交叉，以免混淆各部分结构；指示线之间的距离相差不宜过大。总之，力求标注工整、顺眼、美观。

7. 核实绘图内容，保持画面整洁　用橡皮把轮廓线、虚线等轻轻擦掉，最后，在图的下方写清本图的名称和放大的倍数。

注意：标注文字及绘图一定要用铅笔，不能用钢笔、圆珠笔或颜色铅笔。生物学上绘图不用直尺，画标注线时才用直尺。

（二）显微测量

（1）目镜内已经安装目镜测微尺，目镜可以旋转。

（2）将镜台测微尺有刻度的一面朝上放在载物台上夹好，使测微尺刻度位于视野中央；10 倍镜下调焦至看清镜台测微尺的刻度。

（3）小心移动镜台测微尺和旋转目镜测微尺，使两尺左边的“0”点直线重合，然后由左向右找出两尺第二次重合的直线。

（4）记录两条重合直线之间目镜测微尺和镜台测微尺的格数，按以下公式计算目镜测微尺每格的长度（μm）：

目镜测微尺每格的长度（μm）= 镜台测微尺的格数/目镜测微尺的格数×10

（5）从显微镜载物台上取下镜台测微尺，换上所测的装片，找到要测的细胞或组织等结构，用目镜测微尺进行测量、计算，得到其最终的结果。

练习：测量洋葱根尖的分生区、伸长区、成熟区细胞的大小，并进行比较。

作业

1. 练习表面制片技术，并绘制一种植物的叶片表皮细胞。
2. 练习临时制片技术，并绘制红辣椒的果肉细胞。
3. 练习临时制片技术，并绘制藕粉的淀粉粒。
4. 练习粉末制片技术，并绘制半夏药材的粉末图。
5. 测量洋葱根尖的分生区、伸长区、成熟区的细胞大小，并进行比较。

思考

1. 光学显微镜的使用方法中，哪些环节需要特别注意？
2. 制作高质量的临时封片，需要注意哪些细节？

编者：云南中医药大学　李国栋

第二部分　基础性实验

实验一　植物细胞的基本结构和后含物

【实验目的】

1. 掌握植物细胞的基本构造。
2. 掌握植物细胞后含物的常见种类及形态特征。

【仪器与用品】

显微镜、擦镜纸、镊子、载玻片、盖玻片、解剖针、吸水纸、碘液、蒸馏水、水合氯醛溶液、苏丹Ⅲ溶液等。

【实验材料】

1. 鲜材料　土豆块茎、紫色鸭跖草叶片、绿色鸭跖草叶片、山茶叶片、日中花叶片、桑叶、穿心莲叶片、小叶榕树叶片（带叶柄）、洋葱鳞茎、番茄或红辣椒、花生种子等。

2. 干材料　黄柏、射干粉末或根茎、川贝母鳞茎、半夏粉末或块茎、重楼根茎等。

3. 永久装片　天麻块茎、甘草根、人参根、三七根、掌叶大黄根和根茎、怀牛膝根、川牛膝根等横切片。

【实验内容与步骤】

一、观察叶表皮细胞的结构

取紫色鸭跖草叶或洋葱鳞茎表皮，制成临时水装片或水合氯醛装片。洋葱鳞茎表皮由排列紧密的一层细胞组成，细胞呈长方形或扁砖状，无细胞间隙。选择几个清楚的细胞置于视野中央，观察以下构造。图 2-1 为紫色鸭跖草叶片的表皮结构。

1. 细胞壁　为植物细胞所特有，包围在原生质体最外面。由于细胞壁无色透明，故观察时上面和下面的壁不易看见，只能看到侧壁。

2. 细胞质　为无色透明胶体，细胞质被中央液泡挤成薄层，紧贴细胞壁，仅细胞两端较明显。

3. 细胞核　位于细胞中央或近一侧处，为一个近圆形小球体。

4. 液泡　在成熟细胞的原生质体中，可见到一个或几个大液泡位于细胞中央，里面充满基质液，看起来比细胞质透明。

二、观察质体

1. 叶绿体　取任意绿色植物的叶片、幼嫩茎徒手切片制成临时水装片或水合氯醛装片，叶肉细胞中有多数绿色或黄绿色的类球形或橄榄形颗粒，即为叶绿体。山茶叶片或日中花叶片中的叶绿体较大，近球形（图 2-2，图 2-3）；绿色鸭跖草叶的叶绿体较小，多为橄榄形（图 2-4）。

2. 白色体 取紫色或绿色鸭跖草叶片制成临时水封片。在细胞核的周围有许多小圆形、无色透明的颗粒，即为白色体。

3. 有色体 取番茄或红辣椒果肉，制成临时水封片。在细胞质内可见许多橙黄色或橙红色呈棒状、块状或针状的结构，即为有色体，见图 2-5 番茄果肉的有色体。

三、观察植物细胞的后含物

（一）观察淀粉粒

镜检土豆（马铃薯）块茎切片，观察淀粉粒；注意观淀粉粒的脐点、层纹，以及淀粉粒的类型。

取土豆（马铃薯）块茎做徒手切片，水封，镜检观察淀粉粒；用碘液染色临时水封片后，再置于低倍镜下镜检。比较淀粉粒染色前后的变化。

取含淀粉的新鲜材料或干材料粉末，制成临时水封片，置于显微镜下观察，见图 2-6 土豆块茎的淀粉粒、图 2-7 川贝母鳞茎的淀粉粒、图 2-8 半夏块茎的淀粉粒与针晶、图 2-9 重楼根茎的淀粉粒。注意比较不同材料的淀粉粒大小、形状、层纹、脐点的区别。

淀粉粒观察时应注意：不宜使用水合氯醛，否则久置后，水合氯醛易溶胀淀粉粒的层纹与脐点，影响观察结果。

（二）观察结晶

1. 草酸钙结晶 在光镜下由于光线的折射，可见斑斓的色彩。

（1）簇晶：观察人参根、三七根、掌叶大黄根和根茎的横切片，山茶叶片或绿色鸭跖草叶片的临时装片，见图 2-10 山茶叶片的簇晶、图 2-11 绿色鸭跖草叶片的簇晶、图 2-12 掌叶大黄根与根茎横切片的簇晶、图 2-13 人参根横切片的簇晶、图 2-14 三七根横切片的簇晶。以上簇晶中，三七根横切片的簇晶较细小，不易观察，呈针簇，多散在，偶尔成簇。

（2）针晶：观察天麻块茎、半夏粉末或块茎切片，绿色或紫色鸭跖草、日中花叶片切片等，见图 2-15 日中花叶片的针晶、图 2-16 天麻块茎横切片的针晶。

（3）柱晶：观察重楼根茎、紫色鸭跖草叶片装片等，见图 2-17 紫色鸭跖草叶片的针晶与柱晶、图 2-18 重楼根茎横切片的柱晶。

（4）方晶：观察甘草根横切片或黄柏、射干粉末或根茎切片，小叶榕树叶柄切片等，见图 2-19 小叶榕树叶柄的方晶与簇晶、图 2-20 甘草根横切片的方晶与晶纤维。

（5）砂晶：观察川牛膝根或怀牛膝根横切片等。川牛膝根或怀牛膝根横切片砂晶较大，大量存在于细胞内，多成堆存在，见图 2-21 川牛膝根横切片的砂晶；麻黄茎横切片砂晶极细小，镶嵌于细胞壁外表面，形成嵌晶细胞（如嵌晶表皮细胞或嵌晶纤维），见图 2-22。

2. 碳酸钙结晶 多见于表皮细胞内，呈不同形状的石钟乳状。观察桑叶、小叶榕树叶、穿心莲叶等叶片装片。制片时注意：撕取桑叶或小叶榕树叶片的表皮后，叶片内表面向上，使细胞内的钟乳体向上，充分暴露，便于观察；透化应彻底，见图 2-23。穿心莲叶片钟乳体较小，不易观察。

（三）观察脂肪油

取花生种子的子叶，做徒手切片，用苏丹Ⅲ溶液液色，并于显微镜下观察。脂肪油呈橘黄色或橘红色，见图 2-24。

作业

1. 绘制紫色鸭跖草或洋葱鳞茎表皮细胞 2～3 个，并注明细胞的各部分名称。
2. 绘制三种不同材料的淀粉粒。
3. 绘制三种不同材料的簇晶。
4. 绘制一种材料的钟乳体。

思考

1. 请设计一个显微化学实验鉴别某一未知药材的晶体是草酸钙还是碳酸钙结晶。
2. 使用水合氯醛透化后，找不到洋葱鳞片叶表皮细胞核的可能原因是什么？
3. 列举至少一种植物中白色体、叶绿体、有色体之间相互转换的例子。
4. 比较大黄根和根茎、人参根、三七根横切片的簇晶形状与大小的不同。

编者：昆明医科大学　唐丽萍
图片拍摄：云南中医药大学　杨耀文
实验图片敬请扫码观看(二维码见封底)

实验二　植物组织

【实验目的】

1. 掌握植物组织的类型。
2. 掌握各类组织的主要特征。

【仪器与用品】

显微镜、擦镜纸、镊子、载玻片、盖玻片、刀片、吸水纸、蒸馏水、1%番红水溶液、苏丹Ⅲ溶液、20%乙酸溶液等。

【实验材料】

1. 鲜材料　日中花（紫色鸭跖草、绣球花）的叶片、松叶、榕树（蒲公英、夹竹桃）的叶片或叶柄、薄荷叶或嫩茎、姜根茎、橘皮、梨（果实）、苦杏仁（种子）。

2. 永久装片　洋葱（玉米）根尖纵切片、椴木（松木）的横切片、木香（肉桂、川黄柏）等横切片、橘皮（白术根）横切片、当归横切片、桔梗（党参）横切片、薄荷叶及薄荷茎横切片、杜仲横切片、南瓜茎横切及纵切片、松木解离片、松叶横切片、厚朴横切片、黄柏横切片等。

【实验内容与步骤】

一、观察分生组织

（一）初生分生组织

取洋葱（玉米）根尖纵切片，先置于低倍镜下观察根尖的整体结构，再转换高倍镜下观察各部分细胞的特点。

根尖的最尖端由许多排列不规则的薄壁细胞组成，像一个套在分生区前面的帽子，着色较浅，即根冠。在根冠之内，紧接着根冠的一段区域，称为分生区，即顶端分生组织，属于初生分生组织。细胞排列紧密，近等径，细胞壁薄，核大，细胞质浓厚。细胞分裂能力强，常可以见到正在进行有丝分裂的细胞，见图 2-25 洋葱根尖的结构（初生分生组织）。

（二）次生分生组织

1. 形成层　取椴木（松木）的横切片，观察维管束。在维管束的木质部和韧皮部之间，有一层或数层排列整齐呈扁长方形的细胞，即形成层，见图 2-26。

2. 木栓形成层　取木本植物的老枝，作横切片；用 1%番红水溶液染色后，镜检。外侧是多层排列整齐，可被染成红色且无细胞内含物的死细胞，即木栓层。在木栓层内颜色浅且小而扁平的细胞为木栓形成层，也可以取松木、厚朴、黄柏等横切片观察，见图 2-27。

二、观察保护组织

1. 初生保护组织　取松叶及日中花（紫色鸭跖草、绣球花）等绿色植物的叶片，用镊子撕取一小块表皮，制成临时装片，置于光学显微镜下观察，见图 2-28 初生保护组织（表皮）。

表皮细胞排列紧密，无细胞间隙，互相嵌合。在表皮细胞之间，可以见到由两个肾形保卫细胞组成的气孔，注意区分不同的气孔类型；松叶的气孔常下陷。

2. 次生保护组织　取木香（肉桂、川黄柏）等横切片，观察次生保护组织，见图 2-29。

次生保护组织（周皮）由数层扁平细胞组成，包括木栓层、木栓形成层和栓内层。某些部位的木栓形成层向外分裂产生薄壁细胞，突破表皮形成裂口，即皮孔。

三、观察分泌组织

1. 油细胞　取姜根茎做徒手切片，或取肉桂横切片，镜检观察油细胞，见图 2-30 姜根茎的油细胞、图 2-31 肉桂树皮的油细胞。

姜的油细胞众多，单个存在，分散在基本组织中，通常比周围细胞大，类圆形或不规则圆形，细胞壁较厚，内含黄色的油滴。滴加 1 滴苏丹Ⅲ溶液染色，油滴呈红色。

2. 油室　取橘皮（白术根）的横切片或制作临时装片，观察油室，见图 2-32。橘皮有大型腔室（即油室），油室周围的细胞常破碎不完整，这样的分泌腔为溶生式分泌腔。白术根的油室也是溶生式分泌腔。

取当归横切片，镜检，可见分泌腔及周围多个完整的细胞，即离生式分泌腔，见图 2-33。

3. 乳汁管　取榕树（蒲公英、夹竹桃）的叶片或叶柄等含乳汁管结构的新鲜材料做徒手纵切片。在切片上滴加 20%乙酸溶液 1 滴，再滴加苏丹Ⅲ溶液 1 滴，放置数分钟至材料染色，镜检观察乳汁管。由于乳汁管中的乳汁被染成红色，故可以观察乳汁管的分布及类型，注意把握好时间使染色程度便于观察，见图 2-34 榕树叶片的乳汁管、图 2-35 蒲公英叶片的乳汁管。

蒲公英叶片的乳汁管呈长管状，有节，内部充满红色的乳汁（若不经处理直接观察，乳汁颜色为浅黄色）；榕树叶片中的乳汁管无节。取桔梗（党参）横切片置于显微镜下观察，韧皮部中可见散在的乳汁管，见图 2-36 党参根的乳汁管。

4. 树脂道　取松叶做徒手横切片或用松叶横切片及松木解离片，镜检观察树脂道。松叶的树脂道存在于其叶肉组织中，由两层细胞构成，内腔中含有树脂，见图 2-37 松叶的树脂道和图 2-38 松茎的树脂道。

5. 腺鳞与小腺毛　取薄荷叶横切片，或用薄荷叶或嫩茎的表皮制作临时装片，观察腺鳞与小腺毛。腺鳞包括由 6～8 个细胞组成的腺头和单细胞组成的腺柄，表面被有角质层。小腺毛由具有 1～2 个细胞的腺头和 1～2 个细胞的腺柄组成，见图 2-39。

四、观察机械组织

1. 石细胞　用刀片刮取梨的果肉或苦杏仁的种皮部分，制临时装片镜检。观察肉桂、杜仲、川黄柏、木香等茎皮的横切片。

石细胞形态多样，单个或者成群存在，细胞壁全面增厚，有些具明显的层纹和纹孔，见图 2-40 梨果肉的石细胞、图 2-41 苦杏仁的种皮石细胞、图 2-42 杜仲树皮的石细胞。

2. 厚角组织

（1）薄荷茎的厚角组织：取薄荷茎的横切片，置于显微镜下观察厚角组织。薄荷茎的横切面呈四方形，表皮细胞 1 列，四角的表皮下具有多层细胞，在细胞角隅处增厚（厚角组织），着色较深，见图 2-43。

（2）南瓜茎的厚角组织：取南瓜茎横切片，观察厚角组织。厚角组织分布在茎的棱角处，紧靠表皮的皮层中有几层染成深色的细胞，细胞壁非木质化，呈不均匀加厚，见图 2-44。

3. 厚壁组织　取南瓜茎横切片，观察厚壁组织。厚壁组织位于厚角组织以内，由多层细胞连成一圈，又称环管纤维，细胞壁均匀加厚，细胞间隙小，壁木质化，在细胞腔内见不到生活的原生质体，见图 2-45。

五、观察输导组织

取松木解离片和南瓜茎纵切片，观察管胞与导管、筛管与伴胞，注意区分不同的导管类型。

1. 管胞与导管　管胞主要存在于蕨类植物、裸子植物或少数被子植物的木质部。根据次生壁增厚情况，分成环纹、螺纹、梯纹和孔纹等类型，见图 2-46 松木茎的孔纹管胞。

导管主要存在于被子植物或少数裸子植物的木质部。少数低等被子植物和一些退化的寄生植物无导管，而少数裸子植物（麻黄等）和个别蕨类（蕨属）植物具有导管。根据发育先后及其次生壁增厚和木质化方式不同，导管分为五种常见类型，见图 2-47 南瓜茎的导管类型。

（1）环纹导管：增厚部分呈环形，每隔一定距离有一环状的木化增厚次生壁。

（2）螺纹导管：增厚部分呈螺旋状。

（3）梯纹导管：增厚部分与未增厚部分相间排列，呈梯形。

（4）孔纹导管：未增厚部分是单纹孔或具缘纹孔。

（5）网纹导管：增厚部分呈网状，未增厚部分为网孔。

此外，有时在一个导管上可见到一部分是环纹导管，另一部分是螺纹导管；有时梯纹导管和网纹导管的差别十分微小；也有网纹导管和孔纹导管结合而成网孔纹导管的过渡类型。

2. 筛管与伴胞 筛管位于韧皮部，由许多长管状、无核的筛管细胞纵向连接而成。筛管细胞间有筛板，筛板上有许多小孔，称为筛孔。筛管细胞旁常有 1 个或多个长形的薄壁细胞，和筛管相伴存在，称伴胞，伴胞有核，富含细胞质，见图 2-48 南瓜茎的筛管与伴胞。

作业

1. 绘制梨的石细胞，并注明层纹和纹孔。
2. 绘制南瓜茎的三种导管。

思考

1. 厚角组织和厚壁组织在显微镜下有何区别?
2. 何谓气孔轴式？所观察植物的气孔轴式各是什么类型？一种植物只具有一种气孔轴式吗?
3. 在横切面上，离生式分泌腔和分泌道有无区别?

编者：昆明医科大学　周　静
图片拍摄：昆明医科大学　唐丽萍
实验图片敬请扫码观看（二维码见封底）

实验三　根和根茎及其代表性药材

【实验目的】

1. 掌握根的形态特征及组织特征（初生构造、次生构造）。

2. 掌握根及根茎的异常构造（大黄、何首乌、牛膝、川牛膝、商陆）。

3. 掌握大黄、何首乌、黄连、黄芩、甘草、三七、人参、防己、当归等根及根茎类药材的性状特征。

4. 掌握大黄、何首乌、黄连、黄芩、甘草、三七、人参、防己、当归等根及根茎类药材的组织特征及显微特征。

5. 熟悉大黄理化鉴定的方法。

【仪器与用品】

显微镜、酒精灯、临时装片用具、微量升华装置、紫外线灯、滤纸等。蒸馏水、水合氯醛溶液、稀甘油、5%氢氧化钠溶液等。

【实验材料】

1. 新鲜材料　落地生根、薏苡或玉米（支持根）、吊兰（气生根）、浮萍（水生根）、爬山虎（攀缘根）、菟丝子（寄生根），可根据实际情况选择不同的新鲜材料。

2. 根及根茎类代表性药材　丹参、野山参、细辛或马尾黄连、生姜、黄花、大黄、何首乌、黄连、黄芩、甘草、三七、人参、防己、当归、牛膝、川牛膝、商陆等。

3. 药材粉末　大黄、何首乌、黄连、黄芩、甘草、三七、人参、当归等药材的粉末。

4. 永久装片　洋葱（玉米）根尖纵切片、蚕豆幼根横切片、甘草根横切片、大黄根茎横切片、何首乌块根、人参根横切片、三七根横切片等。

本实验中的临时制片除观察淀粉粒时使用水装片外，其余均使用水合氯醛透化装片。

【实验内容与步骤】

一、观察根与根茎的形态特征

（一）观察根的类型

1. 定根与不定根　观察丹参的完整药材，落地生根等多肉植物叶上的不定根。注意根无节和节间，通常不生芽。

2. 直根系与须根系　观察野山参、细辛或马尾黄连的完整药材。

（二）观察根的变态类型

1. 贮藏根　观察甘草、何首乌、人参、当归、牛膝、防己等根类药材。

2. 支持根　薏苡或玉米。

3. 气生根　吊兰。

4. 水生根　浮萍。

5. 攀缘根　爬山虎。

6. 寄生根　菟丝子。

（三）观察根茎的形态

观察大黄、黄连、生姜等以根茎为主要入药部位的药材。注意比较根茎类药材与根类药材的异同，根茎类药材具有茎的形态特征，如具有节与节间，通常具有芽。

二、观察根尖的纵向结构及根的初生构造

（一）观察根尖的纵向结构

取洋葱（玉米）根尖纵切片，先置于低倍镜下观察根尖的整体结构，再转换至高倍镜下观察。由根的最尖端逐渐向上观察根尖的各部分，依次为根冠、分生区、伸长区、成熟区。注意不同区域的细胞在形态结构和排列方式上的区别与变化，见图 2-49 洋葱根尖的结构。

（二）观察根的初生构造

观察蚕豆幼根横切片：注意初生保护组织、薄壁组织、辐射维管束的特征及表皮、皮层、辐射型维管束的结构特征和位置关系，见图 2-50 蚕豆幼根横切片的初生构造。

三、观察根的次生构造

观察甘草根的横切片，注意观察木栓层、皮层等结构特征和位置关系，见图 2-51 甘草根横切片的组织特征。

四、观察根及根茎的异常构造

（一）观察根及根茎异常构造的主要形态特征

观察大黄、何首乌、牛膝、川牛膝、商陆等药材的形态特征，注意观察大黄星点、何首乌云锦纹、牛膝点状环纹、川牛膝点状环纹、商陆罗盘纹。

（二）观察根及根茎异常构造的主要组织特征

1. 大黄根茎的组织特征　见图 2-52。

（1）木栓层多数已除去。

（2）皮层窄；韧皮部分布大型黏液腔。

（3）形成层环明显。

（4）星点（异常周木型维管束）散在分布于正常维管束的髓部，肉眼可见呈星芒状。

2. 何首乌块根的组织特征　见图 2-53。

（1）云锦纹（异常外韧型维管束）位于正常维管束的韧皮部外侧，肉眼可见呈不规则环状。

（2）正常维管束位于中部或偏中部，形成层的形状常不规则。

五、观察根及根茎类药材的组织及粉末显微特征

1. 大黄粉末显微特征　见图 2-54。

大黄粉末呈淡黄棕色，味苦，气芳香。水合氯醛透化装片观察：

（1）草酸钙簇晶众多，棱角大多短钝。

（2）导管非木化、大型，多为网纹与具缘纹孔交织的复合型。

（3）淀粉粒众多，单粒多圆形或长圆形，脐点多星状，复粒常由 2～7 分粒组成。

2. 何首乌粉末显微特征　粉末呈黄棕色。水合氯醛透化装片观察：

（1）淀粉粒众多，单粒呈类球形，脐点呈人字状、星状或三叉状，层纹不明显，复粒由 2～9 粒复合而成。

（2）草酸钙簇晶较多。

（3）具缘纹孔导管。

（4）可见纤维、木栓细胞。

3. 黄连粉末显微特征　见图 2-55。

黄连粉末呈鲜黄色，味极苦。水合氯醛透化装片观察：

（1）石细胞鲜黄色，多呈类圆形或类方形。

（2）韧皮纤维鲜黄色，纺锤形或长梭形，壁厚，可见纹孔。

（3）导管为网纹或孔纹或螺纹，细小、短节状。

（4）木薄壁细胞类长方形、梭形或不规则形，较大，木化。

（5）木纤维壁薄，纹孔稀疏。

（6）鳞叶表皮细胞绿黄色或黄棕色，略呈长方形，壁微波状弯曲，或呈连珠状增厚。

4. 黄芩粉末显微特征　见图 2-56。

黄芩粉末呈黄色、味苦。水合氯醛透化装片观察：

（1）石细胞淡黄色，类圆形、类方形或不规则形，壁较厚。

（2）韧皮纤维微黄色，梭形，两端尖或钝圆。

（3）韧皮薄壁细胞纺锤形或长圆形，壁常呈连珠状增厚。

（4）导管主药为网纹导管，较短，端壁倾斜，常延长成尾状。

（5）木纤维细长，壁不甚厚。

（6）伴导管木薄壁细胞纺锤形，壁厚，中部有稍弯曲的横隔，位于导管旁。

5. 甘草粉末显微特征　见图 2-57。

甘草粉末呈淡棕黄色，味甜而特殊。水合氯醛透化装片观察：

（1）纤维成束，细长；纤维或纤维束旁边的薄壁细胞多含方晶（形成晶纤维）。

（2）具缘纹孔导管较大，微显黄色，具缘纹孔较密，导管旁有狭长、具单纹孔的木薄壁细胞。

（3）木栓细胞红棕色，表面观呈多角形。

（4）色素块较少，呈黄棕色，形状不一。

6. 三七的组织特征　见图 2-58。

观察三七根横切片：

（1）皮层窄，形成层环明显。

（2）导管单个散在或数个相聚，断续排列成放射状。

（3）树脂道多散在皮层和韧皮部，木质部较少见；树脂道内含黄色分泌物。

（4）薄壁细胞含细小的草酸钙簇晶和淀粉粒，草酸钙簇晶多呈针簇状散在，极少积聚成簇状。

7. 三七粉末显微特征　粉末呈灰黄色，苦回甘。水合氯醛透化装片观察：

（1）淀粉粒甚多，单粒圆形、半圆形或多角形；复粒由 2～10 分粒组成。

（2）树脂道碎片常见，含黄色分泌物。

（3）导管梯纹、网纹及螺纹。

（4）木栓细胞长方形，壁厚。

（5）簇晶多破碎呈针簇状；完整者较小且棱角细尖，较少见。

8. 人参的组织特征　见图 2-59。

观察人参根横切片：

（1）皮层窄，形成层环明显。

（2）导管单个散在或数个相聚，断续排列成放射状；导管旁偶有非木化的纤维。

（3）树脂道散在于皮层、韧皮部和木质部，树脂道内含黄色分泌物。

（4）薄壁细胞含草酸钙簇晶和淀粉粒。

9. 人参粉末显微特征　粉末呈淡黄色。水合氯醛透化装片观察：

（1）树脂道碎片呈管状，内含黄棕色块状分泌物。

（2）草酸钙簇晶，棱角尖锐。

（3）淀粉粒甚多，单粒圆形、半圆形或多角形，脐点点状或裂缝状；复粒由 2～6 分粒组成，红参、糖参煮后观察不到淀粉粒。

（4）导管多网纹或梯纹，稀有螺纹。

（5）木栓细胞表观类方形或多角形，壁细波状弯曲。

10. 当归粉末显微特征 粉末呈淡黄棕色，气特异。水合氯醛透化装片观察：

（1）韧皮薄壁细胞纺锤形，壁略厚，表面有极微细的斜向交错纹理，有时可见菲薄的横隔。

（2）导管梯纹和网纹多见。

（3）有时可见油室碎片。

六、理化鉴定

1. 荧光试验 大黄乙醇浸液滴于滤纸，吹干后，365nm 紫外线灯下观察，呈棕色荧光（蒽醌衍生物），不得显持久亮紫色荧光。

2. 加碱试验 取大黄粉末少许，加 5% 氢氧化钠溶液，呈紫红色（鞣质类成分）。

3. 微量升华 取大黄粉末少许加热，使温度缓慢上升。当载玻片上的水气消失时，迅速更换新载玻片，收集由低温至高温的升华物，镜检，依次见菱形、针状、羽毛状、花瓣状及不规则形等各式黄色结晶，见图 2-60。

作业

1. 根据性状特征鉴定相关的生药。

2. 绘制蚕豆根纵切片与横切片简图，并标注根尖结构、初生构造结构。

3. 绘制甘草横切片简图，标注根的次生构造结构。

4. 绘大黄、何首乌、黄连、黄芩、甘草、人参粉末特征图及大黄根茎、何首乌块根横切面简图，并标注特征结构。

思考

1. 请总结根及根茎类药材性状鉴别主要从哪几个方面进行描述。梳理每种药材的特有性状特征。

2. 根及根茎类药材的基本组织结构主要有哪些？总结比较具代表性药材的特征性显微结构。

3. 请解释大黄的星点和何首乌的云锦纹为何被称为异常维管束，总结异常维管束和正常维管束的主要异同点。

4. 三七和人参的横切片，树脂多未见，如何判断树脂道所在位置？

5. 观察粉末制片或永久装片后，比较大黄、何首乌、三七和人参簇晶的不同点。

6. 总结常见的维管束类型。

编者：昆明医科大学　张国莉

图片拍摄：昆明医科大学　唐丽萍

实验图片敬请扫码观看（二维码见封底）

实验四　茎及其代表性药材

【实验目的】

1. 掌握植物茎的形态特征、类型、变态类型、组织结构。
2. 掌握茎类、皮类药材的主要特征。

【仪器与用品】

1. 仪器　显微镜、酒精灯、紫外线灯、临时装片用具、微量升华装置等。
2. 试剂　蒸馏水、水合氯醛溶液、三氯化铁醇溶液、稀甘油等。

【实验材料】

1. 鲜材料　薄荷、芹菜、仙人掌、丝瓜（栝楼）的茎卷须、半夏的小块茎、生姜、藕、土豆、荸荠、大蒜等。

2. 代表性药材　皂角、桑枝、鸡血藤、甘松、天麻、沉香（国产）、钩藤、肉桂、川黄柏、厚朴、杜仲、牡丹皮等。

3. 药材粉末　天麻、沉香（国产）、钩藤、肉桂、黄柏、厚朴、杜仲、牡丹皮等。

4. 永久装片　南瓜茎纵切片（横切片）、薄荷茎横切片、玉米茎横切片、椴木茎横切片、天麻块茎横切片、沉香（白木香）横向（径向、切向）切片、肉桂茎皮横切片、厚朴茎皮横切片、川黄柏茎皮横切片等。

本实验中临时制片未注明试剂者，均使用水合氯醛透化装片。

【实验内容与步骤】

一、观察茎的形态特征、类型、变态类型

（一）观察正常茎的外形与类型

取芹菜、薄荷、桑枝等，观察质地、节、节间、叶鞘、托叶痕、皮孔等特征。

（二）观察变态类型

1. 地上茎的变态　取仙人掌、皂角、钩藤、丝瓜（栝楼）的茎卷须、半夏的小块茎等，观察叶状茎、枝刺、钩状茎、茎卷须、小块茎等地上茎的不同变态类型的质地与形态。

2. 地下茎的变态　取藕、生姜、土豆、荸荠、天麻、大蒜等，观察地下茎的不同变态类型的质地、节、节间、顶芽、腋芽等特征。

二、观察茎的组织结构

（一）观察茎皮组织结构

观察厚朴茎皮横切片，首先置于低倍镜下观察整体结构，再转换到高倍镜下，观察以下结构，见图 2-61。

1. 木栓层　位于最外侧，由数列细胞组成的，细胞类长方形，含有色物质，可见落皮层，木栓形成层明显，由 1～2 层排列紧密的细长形细胞构成；栓内层由 1～2 层石细胞层构成。

2. 皮层　较宽，散有多数石细胞群，纤维少见；可见多数椭圆形油细胞散在。

3. 韧皮部　宽阔，可见较多油细胞；射线由 1～3 列细胞组成。

4. 薄壁细胞 含有大量细小的草酸钙砂晶或方晶及淀粉粒。

（二）观察双子叶植物草质茎的初生构造

取薄荷茎制作临时装片或永久装片，结合实验二中南瓜茎纵切（横切）片，镜检，观察以下结构，见图 2-62。

1. 初生保护组织 见于横切面的最外层（表皮），由一层长方形的细胞组成，排列整齐，无细胞间隙，可见突起的毛茸和小腺毛。

2. 厚角组织和厚壁组织 薄荷茎的横切面中，茎呈方形，在四棱处可见厚角组织，由十数列厚角细胞组成，细胞壁呈不均匀增厚；在南瓜茎中，除了厚角组织，还可见数层细胞壁全面增厚的细胞，即厚壁组织。

3. 薄壁组织 主要存在于皮层和髓部。薄荷的皮层分化明显，外皮层和内皮层分别由一层排列整齐的细胞构成。髓部的细胞较大。

4. 输导组织 在薄荷茎的横切片中，四角处的木质部较为发达，在永久装片中，导管被染成紫红色。

5. 有限外韧型维管束 导管所在的位置为木质部，韧皮部位于木质部外侧；形成层位于木质部与韧皮部之间，由数层细胞组成；木质部、韧皮部与形成层共同构成维管束。注意观察薄荷茎的形成层细胞特征，细胞壁薄且排列紧密，仅位于维管束内，分生能力有限，故不能无限生长。

6. 其他 橙皮苷结晶随处可见。

（三）观察单子叶植物草质茎的初生构造

取玉米茎横切片，镜检，观察以下结构，见图 2-63。

1. 初生保护组织 最外层为一列长方形细胞构成的表皮，表皮下可见 1～2 层皮层纤维（机械组织）。单子叶植物茎中普遍具有机械组织，可增强支持力。

2. 薄壁组织 表皮以内可见多数基本薄壁组织。

3. 有限外韧型维管束 维管束散在分布，没有形成层，为有限外韧型维管束，在木质部可见气腔。

（四）观察双子叶植物木质茎的次生构造

取椴木茎横切片，镜检，观察以下结构，见图 2-64。

1. 保护组织 有时可见枯萎的表皮，已经被次生保护组织（即周皮）所取代；木栓细胞长方形排列整齐；木栓形成层由数层扁平的细胞构成，细胞较小且排列紧密。

2. 无限外韧型维管束 次生韧皮部中常被染成蓝绿色；次生木质部比例较大；形成层位于韧皮部与木质部之间，形成连续的环状，由 1～2 层扁平的细胞构成。

3. 机械组织 皮层纤维、韧皮纤维和木纤维大量存在。

4. 草酸钙簇晶与方晶 簇晶多见，方晶主要见于形成层附近。

（五）观察根茎的构造及茎的异常构造

1. 鸡血藤 肉眼可见韧皮部（含树脂状红棕色分泌物）与木质部相间排列成 3～8 轮偏心性半圆形环。韧皮部与木质部相间排列，即为异型维管束的类型之一，见图 2-65。观察时应注意异型维管束在幼嫩的茎藤中发育不显著。

2. 甘松 恢复分生能力的薄壁组织细胞，形成新的木栓形成层，呈多个圆环包围部分木质部和韧皮部，将维管束分隔成数束。注意形成层细胞的特点。

三、观察茎类及皮类药材的形态特征、组织结构

（一）观察药材性状特征

观察天麻、沉香（国产）、钩藤、肉桂、黄柏、厚朴、杜仲、牡丹皮等药材的主要性状特征。

（二）观察组织结构与显微特征

1. 天麻的组织特征（块茎横切面）　观察天麻块茎横切片，见图 2-66。

（1）偶有残留的表皮。

（2）皮层细胞十数层。

（3）中柱大，有散在的周韧型维管束。

（4）髓部细胞类圆形。

（5）薄壁细胞含草酸钙针晶束。

2. 天麻粉末显微特征　粉末呈黄白色。

（1）厚壁细胞椭圆形或类多角形，木化，纹孔明显。

（2）草酸钙针晶成束或散在。

（3）可见螺纹、网纹及环纹导管。

（4）薄壁细胞含有糊化的多糖类物质，呈长卵形颗粒状，遇碘液呈棕色。

3. 沉香（国产）**的组织特征**　观察沉香（国产）横向（径向、切向）切片，见图 2-67。

（1）木射线宽 1～2 列细胞，充满棕色树脂状物质。

（2）导管多呈圆形、多角形。

（3）木纤维多角形，壁稍厚。

（4）木间韧皮部呈长带状，常与射线相交，细胞壁薄，内含棕色树脂状物质及丝状物，散有少数纤维。

（5）有的薄壁细胞含草酸钙柱晶或方晶，罕见。

4. 沉香（国产）**粉末显微特征**　粉末呈棕黄色。

（1）纤维状管胞长梭形，多成束，比较薄。

（2）具缘纹孔导管多见，排列紧密，导管内棕色树脂团块常破碎脱出。

（3）木射线细胞单纹孔较密。

（4）树脂团块含红棕色物质。

（5）草酸钙柱晶通常长是宽的 4 倍以上。

5. 钩藤粉末显微特征　粉末呈淡棕色。

（1）韧皮纤维大多成束，壁厚，孔沟不明显。

（2）可见螺纹、网纹、梯纹及具缘纹孔导管。

（3）薄壁细胞中含有草酸钙砂晶。

（4）表皮细胞棕黄色，类方形，壁增厚，内含油滴状物。

6. 肉桂的组织特征　观察肉桂茎皮横切片，见图 2-68。

（1）木栓层细胞数列，最内层细胞外壁特厚，木化。

（2）皮层散有石细胞、油细胞。

（3）韧皮部外侧散在有石细胞群及油细胞；射线细胞含细小草酸钙针晶。

（4）薄壁细胞含淀粉粒。

7. 肉桂粉末显微特征　粉末呈红棕色，见图 2-69。

（1）纤维呈长梭形，单个散在，壁极厚，孔沟不明显。

（2）石细胞类圆形，细胞壁常三面增厚一面菲薄，孔沟明显。

（3）油细胞类圆形或类椭圆形，内含浅黄色至红棕色油滴。

（4）草酸钙针晶多零星散在或成束存在于射线细胞中。

（5）木栓细胞呈多角形，内含红棕色物质。

（6）淀粉粒极多，需用水装片观察。

8. 川黄柏的组织特征　观察川黄柏茎皮横切片，见图 2-70。

（1）外皮未去净者，木栓层由数列长方形细胞组成，内含棕色物质。

（2）皮层较窄，散在纤维群及石细胞群，石细胞壁极厚，层纹明显。

（3）韧皮部占比例大，外侧有少数石细胞，纤维束周围薄壁细胞中含有草酸钙方晶，形成晶纤维或晶鞘纤维。

（4）射线细长且弯曲。

（5）薄壁细胞含有细小淀粉粒、草酸钙方晶及黏液细胞。

9. 黄柏的粉末显微特征 粉末呈黄色，见图 2-71。

（1）纤维束周围薄壁细胞含有草酸钙方晶，构成晶纤维，鲜黄色。

（2）石细胞鲜黄色，大多分枝状，壁厚，层纹明显，孔沟不明显。

（3）黏液细胞类球形或类椭圆形。

（4）木栓细胞由多列长方形细胞组成，淡黄棕色。

（5）薄壁细胞含大量淀粉粒。

10. 厚朴粉末显微特征 粉末呈棕黄色。

（1）石细胞众多，呈椭圆形或不规则分枝状。

（2）纤维壁甚厚，孔沟不明显，常不完整。

（3）油细胞类圆形，含黄棕色油滴。

（4）木栓细胞呈多角形，壁薄，微弯曲。

11. 杜仲的粉末显微特征 粉末呈棕色。

（1）木栓细胞长方形，内含棕色物质，壁不均匀增厚。

（2）石细胞众多，大多成群，类方形或类圆形，壁厚。

（3）橡胶丝常卷曲成团，表面呈颗粒状。

12. 牡丹皮粉末显微特征 粉末呈灰棕色。

（1）草酸钙簇晶常排列成行。

（2）淀粉粒极多。

（3）木栓细胞类长方形，浅红色，壁稍厚。

（4）偶见牡丹酚针状、片状结晶。

（三）理化鉴定

1. 微量升华 取牡丹皮粉末进行微量升华，显微镜下升华物呈长柱形、针状、羽状结晶，见图 2-72；结晶加三氯化铁乙醇溶液，结晶溶解，溶液呈暗紫色（丹皮酚）。

2. 荧光鉴定

（1）取钩藤横切片置紫外线灯下，外皮呈浓紫褐色，切面呈蓝色。

（2）取黄柏断面，置紫外光下观察，断面显亮黄色荧光。

作业

1. 绘制薄荷茎横切面简图。

2. 绘制厚朴、肉桂、关黄柏、杜仲的粉末显微特征图并进行正确标示。

3. 根据性状特征方法，正确描述所给的生药。

思考

1. 请解释异型维管束与正常维管束的异同点，并尝试理解异型维管束的概念。

2. 请根据南瓜茎的永久装片，判断其维管束类型。

3. 南瓜和薄荷都是双子叶草本植物，请根据其组织特征，比较两者的异同点。

4. 请根据薄荷和椴木的组织结构，说明薄荷的茎不能长粗，而椴木的茎可以无限增粗的原因。

5. 概括皮类药材纤维鉴别特征。

6. 根据组织特征，请解释川黄柏药材易分层的原因。

编者：昆明医科大学海源学院　陈钰沁

图片拍摄：昆明医科大学　唐丽萍

实验图片敬请扫码观看（二维码见封底）

实验五　叶及其代表性药材

【实验目的】

1. 掌握叶的形态及单、双子叶植物叶的组织结构特征。
2. 掌握常用叶类药材的性状特征。
3. 掌握常用叶类药材的组织及显微特征。
4. 熟悉叶类生药的显微鉴别及理化鉴定方法。

【仪器与用品】

显微镜、酒精灯、临时装片用具、微量升华装置、紫外线灯等。

【主要试剂】

蒸馏水、水合氯醛溶液、稀甘油、1%氢氧化钠溶液、硫酸、香草醛等。

【实验材料】

1. 新鲜材料　结合校园及周边植物选择。
2. 干材料　大青叶、番泻叶、薄荷药材及粉末等。
3. 永久装片　菘蓝叶横切片、番泻叶横切片、薄荷叶横切片等。
本实验中临时制片未注明试剂者，均使用水合氯醛透化装片。

【实验内容与步骤】

一、叶的形态（结合校园及周边植物选择实验材料）

1. 叶的组成　观察不同植物的新鲜枝条，辨认叶的各部分结构，区分完全叶和不完全叶；观察竹、芦苇、薏苡等植物，区分叶片、叶鞘、叶舌、叶耳等结构。

2. 叶形及叶脉　观察松树、麦冬（沿阶草）、柳树、银杏、桑、洋槐、紫荆、莲、桃、竹、蓝桉等植物的叶，判断叶形及脉序类型。

3. 叶的质地　观察何首乌、芦荟、薄荷、半夏、枇杷等植物的叶，区分膜质、草质、革质、肉质等叶片不同的质地类型。

4. 单叶与复叶　观察银杏、半夏、刺五加、苜蓿、滇合欢、人参、槐等植物的叶，区分单叶和复叶，以及三出复叶、掌状复叶、奇数羽状复叶、偶数羽状复叶的特征。

5. 叶序　观察柳、桃、夹竹桃、银杏、落叶松等植物，区分互生、对生、轮生和簇生叶序。

6. 叶的变态　判断仙人掌、刺槐、豌豆、洋葱、蒜、荸荠、向日葵、马蹄莲、红掌等植物的变态叶类型。

二、叶的组织构造

（一）观察双子叶植物叶片组织构造

1. 表皮组织　取任意双子叶植物叶制成临时装片或永久装片，观察叶片上、下表皮细胞形状、有无增厚，角质层有无纹理，气孔的分布、多寡及类型，毛茸形态及类型，并测定栅表比、气孔指数等显微常数。

2. 叶肉组织

（1）栅栏组织：多在上表皮下方，细胞呈圆柱形，排列紧密而整齐，细胞长轴与上表皮垂直，形如栅栏。

（2）海绵组织：为 3～5 列排列疏松的薄壁细胞，类圆形或不规则圆形，细胞中叶绿体较栅栏组织少。

3. 叶脉　主脉和大的侧脉常由维管束和机械组织组成。其中木质部位于向茎面，韧皮部在背茎面。在维管束的上、下方，常由厚壁组织或厚角组织包围；叶脉越细，结构越简单。

（二）观察单子叶植物叶片组织构造

观察水稻叶、玉米叶的临时装片或永久装片。

1. 表皮　细胞形状比较规则，长方形和方形。细胞外壁角质化，并含硅质；上表皮有特殊的泡状细胞（运动细胞）。

2. 叶肉　通化薄壁组织比较均匀、没有栅栏组织和海绵组织的分化。

3. 叶脉维管束　维管束近平行排列，为有限外韧型，在维管束外有一层、两层或多层细胞围成的维管束鞘。

三、叶类药材鉴定

（一）药材性状特征

观察番泻叶、薄荷叶、大青叶、艾叶、桑叶、枇杷叶、银杏叶、侧柏叶、紫苏、淫羊藿等常用叶类药材的性状特征。

（二）组织结构与显微特征

1. 番泻叶的组织特征　观察番泻叶横切片。

（1）表皮细胞 1 列，常含黏液质，外被角质层；上、下表皮均有气孔和单细胞非腺毛。

（2）等面叶，上表面的栅栏细胞 1 列，被主脉贯穿，下表面的栅栏组织不穿过主脉，海绵组织细胞含草酸钙簇晶。

（3）主脉维管束外韧型，上、下两侧均有纤维束，且纤维外侧的薄壁细胞中含草酸钙方晶，形成晶鞘纤维。

2. 番泻叶的显微特征　粉末呈污绿色，观察粉末临时装片。

（1）表皮细胞多角形，垂周壁平直，平周壁光滑；气孔多平轴式，副卫细胞常大小不一，常为 2 个，也有 3 个（狭叶番泻叶）。

（2）非腺毛单细胞，基部稍弯曲；壁厚，具疣状突起。

（3）晶纤维众多，草酸钙方晶 12～15μm。

（4）草酸钙簇晶常存在于海绵组织中，直径为 9～20μm，棱角尖锐。

3. 薄荷叶的组织特征　观察薄荷叶横切永久装片或临时装片，见图 2-73。

（1）上表皮细胞长方形，下表皮细胞稍小，具气孔，上、下表皮细胞有多数凹陷，内有大型特异的扁球形腺鳞，可见少数小腺毛和非腺毛。

（2）叶异面，栅栏组织 1～2 层细胞，海绵组织 4～5 层细胞，排列疏松。叶肉细胞中常含针簇状橙皮苷结晶，以栅栏组织的细胞中多见。

（3）主脉维管束外韧型，木质部导管常 2～6 个排列成行，韧皮部外侧与木质部外侧均有厚角组织；一般薄壁细胞及少数导管中有时可见橙皮苷结晶。

4. 薄荷叶粉末的显微特征　粉末呈淡黄绿色，微有香气，观察粉末临时装片，见图 2-74。

（1）腺鳞头部顶面观球形，直径 60～100μm，由 6～8 个分泌细胞组成，柄极短，单细胞；小腺毛多由 2 个细胞组成。

（2）非腺毛完整者由 1～8 个细胞组成，外壁有细密疣状突起。

（3）下表皮细胞垂周壁波状弯曲，细胞中含淡黄色橙皮苷结晶；气孔直轴式。

5. 大青叶（菘蓝叶）**的组织特征**　观察菘蓝叶横切片，见图 2-75。

（1）表皮：具腺鳞和非腺毛，上、下表皮外具角质层。

（2）叶肉组织：栅栏细胞短柱状，与海绵细胞区别明显，海绵组织中可见分泌细胞或分泌腔，内含蓝黑色至棕色颗粒状物质或方形至长方形的靛蓝结晶。

（3）主脉：外韧型维管束 3～9 个，上、下两侧可见厚壁组织。

6. 大青叶（菘蓝叶）**的显微特征**　粉末呈深灰棕色或绿褐色，观察粉末临时装片。

（1）上表皮细胞垂周壁较平直，下表皮细胞垂周壁稍弯曲，略呈连珠状增厚，气孔不等式，副卫细胞 3～4 个，有 2～3 个气孔具有共同的副卫细胞。

（2）叶肉细胞含靛蓝结晶和橙皮苷结晶。

（3）厚角细胞较多，纵面观呈长条形。

（三）理化鉴定

1. 微量升华

（1）大青叶（菘蓝叶）微量升华：取粉末进行微量升华，得蓝色或紫红色细小针晶、片晶或簇状等形状各异的结晶，见图 2-76。

（2）薄荷叶微量升华：取少量粉末进行微量升华，量多时聚呈油状物，量少时呈针簇状（薄荷醇结晶），见图 2-77。

2. 理化鉴别

（1）番泻叶理化鉴别：取少量粉末，加 1%氢氧化钠溶液，显红色。

（2）大青叶（菘蓝叶）理化鉴别：取粉末约 0.1g，加蒸馏水 1～2ml，浸渍数十分钟，滤过，水浸液有蓝色荧光。

作业

1. 根据性状特征鉴定出所给叶类生药。
2. 绘番泻叶横切面简图及粉末特征图，并加以文字说明。

思考

1. 请比较单、双子叶植物叶片组织构造的区别。
2. 解释禾本科植物在缺水时，叶为什么会蜷曲。
3. 请总结叶类药材的显微鉴别特征。

编者：昆明学院　何　方
图片拍摄：昆明医科大学　唐丽萍
实验图片敬请扫码观看（二维码见封底）

实验六　花及其代表性药材

【实验目的】

1. 学习花的解剖方法，并写出花程式。
2. 掌握花冠的形态和类型。
3. 掌握雄蕊、雌蕊的组成和类型及子房的位置。
4. 掌握花序的基本结构及其类型。
5. 掌握丁香、金银花、红花、西红花、辛夷、菊花等生药的性状特征。
6. 掌握丁香、金银花、红花、西红花等药材的显微特征。
7. 熟悉丁香理化鉴定的方法。

【仪器与用品】

体式显微镜、显微镜、载玻片、盖玻片、擦镜纸、酒精灯、刀片、镊子、解剖针、吸水纸、蒸馏水、水合氯醛溶液、稀甘油、三氯甲烷、3%氢氧化钠的氯化钠饱和液等。

【实验材料】

（1）紫罗兰[*Matthiola incana*（L.）R. Br.]（单瓣品种）、须苞石竹（*Dianthus barbatus* L.）、金鱼草（*Antirrhinum majus* L.）和六出花（*Alstroemeria aurea* Graham）的新鲜花材。
（2）各种花序的腊叶标本或新鲜材料。
（3）丁香、金银花、红花、西红花、辛夷、菊花等代表性生药药材。
（4）丁香、金银花、红花、西红花药材粉末。
（5）永久装片：丁香萼筒中部横切片。

【实验内容与步骤】

一、单花的组成

取紫罗兰、须苞石竹、金鱼草、六出花的花各一朵，由下部至上部，由外部到内部，用镊子、刀片和解剖针，把花的各部分分解、剖开，依次观察花的各组成部分及形态。观察后，将各部分按由外部到内部的顺序粘贴在报告纸上，并对各个部分进行标注和描述，最后写出花程式（图 2-78）。

1. 花梗　略。
2. 花托　略。
3. 花萼　略。
4. 花冠　花冠的类型主要包括十字形花冠、蝶形花冠、唇形花冠、管状（筒状）花冠、舌状花冠、漏斗状花冠、高脚碟状（高脚杯状）花冠、轮状（辐状）花冠、钟状花冠等，见图 2-79 花的类型。

5. 雄蕊群　一朵花中全部雄蕊的总称，位于花被的内方，一般着生在花托上，典型的雄蕊分花丝和花药两部分。雄蕊的类型主要包括单体雄蕊、二体雄蕊、多体雄蕊、二强雄蕊、四强雄蕊和聚药雄蕊。花药的开裂方式常包括瓣裂、孔裂、横裂和纵裂，见图 2-80 花药的开裂方式和雄蕊类型。

6. 雌蕊群　一朵花中全部雌蕊的总称，位于花的中心部分。典型的雌蕊包括子房、花柱和柱头三个部分。雌蕊类型包括单生单雌蕊、离生单雌蕊和复雌蕊。

（1）子房：首先，能准确判断子房位置，包括子房上位（下位花或周位花，如紫罗兰和桃花）、子房下位（上位花，如贴梗海棠、丝瓜）、子房半下位（周位花，如桔梗、马齿苋）；其次，能初步判断胎座类型，包括边缘胎座（蚕豆、豌豆）、侧膜胎座（黄瓜、荠菜）、中轴胎座（番茄、秋海棠）、特立中央胎座（石竹、车前草、报春花）、基生胎座（向日葵）、顶生胎座（桑、杜仲、樟）。以上见图 2-81 子房位置、胚珠类型和胎座类型。

（2）花柱。

（3）柱头。

二、花序的结构与类型

取紫罗兰、须苞石竹、六出花的完整花序与自采的校园植物 3 种花序共 6 种，由下部至上部，由外部到内部，依次观察花序的各组成部分及形态。观察后，粘贴在报告纸上，对各个部分进行标注，最后写出花序类型并写明判断依据。

1. 花序的基本结构 总苞片、小苞片、总花梗、花轴、小花、花葶、壳斗。

2. 观察花序及其类型 见图 2-82。

（1）无限花序（总状花序，穗状花序，柔荑花序，肉穗花序，伞形花序，伞房花序，头状花序，隐头花序，复总状花序，复穗状花序，复伞形花序）。

（2）有限花序（蝎尾状聚伞花序，螺旋状聚伞花序，二歧聚伞花序，多歧聚伞花序，轮伞花序。）

（3）观看花序腊叶标本。

三、花类药材

（一）药材性状和组织特征观察

1. 药材性状特征 观察丁香、金银花、红花、西红花、辛夷、菊花等花类药材的性状特征。

2. 丁香的组织特征 丁香萼筒中部横切面见图 2-83。

（1）表皮细胞：1 列，外被角质层和气孔。

（2）皮层：外侧散在 2～3 列径向椭圆形油室；内侧数十个小型双韧型维管束断续排列成环；维管束周围伴生少数壁厚纤维。维管束环内侧为通气组织，有大型细胞间隙。

（3）中心轴柱：薄壁组织间散有多数细小维管束。

（4）薄壁细胞：含众多细小草酸钙簇晶。

（二）药材粉末显微特征观察

1. 丁香粉末 粉末呈暗红棕色。水合氯醛透化装片，见图 2-84。

（1）油室多破碎，分泌细胞含黄色油状物。

（2）纤维梭形，顶端钝圆，壁较厚。

（3）花粉粒众多，极面观三角形，赤道面观双凸镜形，副合沟 3 副。

（4）草酸钙簇晶众多，排列成行。

（5）表皮细胞呈多角形，有不定式气孔。

2. 金银花粉末 粉末呈浅黄色。水合氯醛透化装片，见图 2-85。

（1）腺毛两种：一种头部倒圆锥形，顶端平坦，10～33 个细胞，排成 2～4 层；柄部 2～5 个细胞；另一种头部类圆形或略扁圆形，4～20 个细胞，柄部 2～4 个细胞。

（2）非腺毛两种：单细胞；一种较短，壁稍厚，具壁疣，有的具单或双螺旋纹；另一种长而弯曲，壁薄，微具壁疣。

（3）花粉粒众多，类球形，黄色，外壁具细刺状突起，萌发孔 3 个。

（4）柱头表皮细胞绒毛状。

3. 红花粉末 粉末呈橙黄色。水合氯醛透化装片，见图 2-86。

（1）分泌细胞长管道状纵向连接，细胞中充满黄棕色至红棕色分泌物。

（2）花粉粒圆球形、椭圆形或橄榄形，深黄色，有 3 个萌发孔，外壁有刺齿及疣状雕纹。

（3）花瓣顶端表皮细胞分化成乳头状绒毛。

（4）柱头表皮细胞分化成圆锥形单细胞毛，先端尖或稍钝。

4. 西红花粉末 粉末呈橙红色。水合氯醛透化装片，见图 2-87。

（1）表皮细胞表面观长条形，壁薄，稍弯曲，有的外壁突出呈乳头状或绒毛状。

（2）柱头顶端表皮细胞密集成绒毛状，表面有稀疏纹理。

（3）花粉粒较少，呈圆球形，红黄色，外壁近于光滑，内含颗粒状物质。

（三）丁香的理化鉴定

取丁香粉末少许于载玻片上，滴加三氯甲烷，混匀；再加 3%氢氧化钠的氯化钠饱和液 1 滴，加盖玻片；镜检，可见针状丁香酚钠结晶，见图 2-88。

作业

1. 仔细解剖紫罗兰、须苞石竹、金鱼草、六出花的花，将各部分结构粘贴在实验报告纸上，并标注部分名称，写出上面两种花的花程式。

2. 取紫罗兰、须苞石竹、六出花的花序与自采的校园植物 3 种花序共 6 种，粘贴于实验报告上，对各个部分进行标注，写出花序类型并写明判断依据。

3. 根据性状特征鉴定出所给生药。

4. 绘丁香萼筒中部横切面简图并加以文字说明。

思考

1. 如何区分有限花序和无限花序？

2. 试述花粉粒在花类药材鉴定中的意义。

3. 比较丁香、金银花、红花、西红花等四种花类药材的花粉粒特征。

编者：植物形态学部分 云南中医药大学 普春霞
云南中医药大学 张 洁 张彬若
图片拍摄：云南中医药大学 张 洁 上海辰山植物园 汪 远

实验图片敬请扫码观看（二维码见封底）

实验七　果实、种子及其代表性药材

【实验目的】

1. 掌握果实及胎座的类型和特征。

2. 熟悉种子的构造。

3. 了解果实中分泌组织的特征。

4. 掌握五味子、小茴香、山楂、木瓜、枸杞子、苦杏仁、马钱子、酸枣仁、槟榔、砂仁等生药的性状特征。

5. 掌握五味子、小茴香、马钱子、槟榔等药材的显微特征。

6. 熟悉槟榔理化鉴定的方法。

【仪器与用品】

显微镜、擦镜纸、解剖刀、镊子、载玻片、盖玻片、吸水纸、解剖针、蒸馏水、酒精灯、水合氯醛溶液、稀甘油、5%硫酸溶液、碘化铋钾溶液等。

【实验材料】

1. 各类果实　小番茄（或葡萄）、桃（或枣、杏、樱桃、李）、橙（或橘）、苹果（或梨、山楂、枇杷）、豌豆、菠萝、桑椹、无花果、草莓、荔枝（或龙眼）等。

2. 干制果实标本　花生、荠菜、萝卜、玉兰、草果、八角、金鱼草、鸢尾、曼陀罗、石竹、板栗、牵牛、薏苡仁、青榨槭、莲、鬼针草、葵花籽、玉米、马齿苋等。

3. 种子标本　蚕豆、花生、蓖麻、莲子等。

4. 代表性生药药材　五味子、小茴香、山楂、木瓜、枸杞子、苦杏仁、马钱子、酸枣仁、槟榔、砂仁等。

5. 药材粉末　五味子、小茴香、槟榔粉末。

6. 永久装片　五味子果实横切片、小茴香分果横切片、马钱子种子横切片、槟榔种子横切片、罂粟果实永久装片。

【实验内容与步骤】

一、果实的类型和特征

果实的类型和特征见图 2-89。

（一）单果

1. 肉果　果实成熟时果皮肉质多浆，不开裂，分 5 种。

（1）浆果：外果皮薄，中果皮、内果皮肉质多汁，一至多粒种子，如葡萄、番茄、辣椒、枸杞子等。

（2）核果：外果皮薄，中果皮肉质肥厚，内果皮木质坚硬（称果核），心皮 1，边缘胎座，种子 1 粒。通常也泛指具有坚硬果核的果实，如桃、枣、杏、胡桃等。

（3）柑果：外果皮较厚、革质、有油室；中果皮疏松海绵状，有许多分枝状的维管束（称橘络）；内果皮膜质，分隔成若干室，内壁生有很多肉质多汁的毛囊；中轴胎座，种子多数，如橙、橘子、柠檬等芸香科柑橘属植物的果实。

（4）梨果：外果皮薄，中果皮肉质（外果皮和中果皮由花筒形成），内果皮坚韧（由子房形成）。假果，多为 5 心皮，中轴胎座，下位子房 5 室，每室常 2 粒种子，如梨、苹果、木瓜、枇杷、山楂等蔷薇科苹果亚科的果实。

（5）瓠果：外果皮坚韧，中果皮及内果皮肉质，胎座较发达，常成为果实的一部分。假果，3心皮，下位子房，1室，侧膜胎座，种子多数，如黄瓜、南瓜、栝楼、西瓜、苦瓜等葫芦科植物的果实。

2. 干果　果实成熟时果皮干燥。分为裂果和闭果（不裂果）。

（1）裂果：果实成熟时果皮开裂，分4种。

1）荚果：1心皮，单雌蕊，子房上位，1室，边缘胎座，果实成熟时沿背缝线和腹缝线开裂，如蚕豆、豌豆等豆科植物的果实。特殊类型：如花生不开裂；含羞草的荚果在种子间有节，成熟时节节脱落。

2）蓇葖果：单雌蕊（1心皮、1室、边缘胎座）或离生心皮雌蕊发育形成的果实，果实成熟时沿心皮一个缝线（背缝线或腹缝线）开裂，如银桦、淫羊藿、杠柳、徐长卿等。

3）角果：由2心皮复雌蕊上位子房发育而成。由心皮边缘合生处向中央生出的假隔膜把子房隔成假2室，果实成熟时沿两侧腹缝线开裂并脱落，假隔膜仍留在果柄上，种子多数生在假隔膜两侧。十字花科植物的果实，如油菜、萝卜为长角果，荠菜为短角果。

4）蒴果：由复雌蕊发育而成，果实成熟时开裂的情况有多种。

孔裂蒴果：果实上部或顶端呈小孔状开裂，如金鱼草、罂粟。

齿裂蒴果：果实顶端呈齿状开裂，如石竹、秋葵。

纵裂（瓣裂）蒴果：果实长轴开裂，沿背缝线开裂的称室背开裂，如百合、鸢尾、泡桐、乌桕；沿腹缝线纵向开裂的称室间开裂，如蓖麻、杜鹃、马兜铃；果实纵裂的裂片与中轴分离称室轴开裂，如曼陀罗、牵牛。

（2）不裂果：果实成熟时果皮不开裂，分5种。

1）瘦果：种子1粒，果皮薄而韧或稍硬，成熟时果皮与种皮分离，如向日葵、荞麦。

2）颖果：种子1粒，心皮2～3，子房下位，果皮和种皮愈合不易分开，如玉米、薏苡。

3）坚果：果皮木质坚硬，心皮常二至多数，子房下位，种子1粒，如板栗、榛子。

4）翅果：果皮延伸成翅，种子1粒，如三角枫、青榨槭。

5）双悬果：2心皮复雌蕊的子房下位发育形成，果实成熟后分离成2个小分果，分别悬在心皮柄上端，心皮柄的基部与果柄相连，每个分果含1粒种子，如小茴香、当归、白芷、蛇床子等。

（二）聚合果

一朵花中有多数离生雌蕊，每一个雌蕊发育成一个单果，聚生于花托上。例如，五味子的聚合浆果；八角、玉兰、草乌的聚合蓇葖果；草莓、毛茛的聚合瘦果；莲的聚合坚果；悬钩子的聚合核果。

（三）聚花果

由整个花序发育成的果实，如菠萝、桑椹、无花果等。

二、种子的构造

1. 双子叶有胚乳种子的构造　观察蓖麻种子的构造，重点观察种阜、外种皮、内种皮。去掉种皮，掰开子叶，观察胚乳、胚根、胚轴、胚芽、子叶。

观察莲子，重点观察胚乳。去掉种皮，掰开子叶，观察胚乳、胚根、胚轴、胚芽、子叶。

2. 双子叶无胚乳种子的构造　观察蚕豆的种子外部形态，重点观察种孔、种脐、合点。去掉种皮，掰开子叶，观察胚根、胚轴、胚芽、子叶。

三、观察果实中的分泌组织

1. 徒手切片新鲜橘皮，然后在显微镜下观察橘皮中椭圆形的分泌腔（油室）。

2. 取小茴香果实横切片观察，在果实的腹面有2个油管，在果皮背部每2个主棱之间凹陷处各有1个油管，油管呈椭圆形，每一油管周围均有一层较小的分泌细胞紧密排列，通常为棕红色，这层分泌细胞也称为上皮细胞。

3. 取罂粟果实横切片观察乳汁管。

四、药材性状和组织特征观察

1. 药材性状特征　观察五味子、小茴香、山楂、木瓜、枸杞子、苦杏仁、马钱子、酸枣仁、槟榔、砂仁等果实种子类药材的性状特征。

2. 五味子果实的组织特征　显微镜下观察五味子果实横切片，见图 2-90。

（1）外果皮表皮细胞 1 列，壁稍厚，具有角质层，间有油细胞。

（2）中果皮薄壁细胞十余列，散有小型外韧型维管束。

（3）内果皮为 1 列小方形薄壁细胞。

（4）种子外层栅状石细胞 1 列；中部 3～4 列薄壁细胞、1 列油细胞；种皮内层小细胞 1 列，壁较厚。

（5）胚乳细胞数层，多角形，含脂肪油、糊粉粒。

3. 小茴香分果的组织特征　显微镜下观察小茴香分果横切片，见图 2-91。

（1）外果皮为 1 列扁平细胞，外被角质层。

（2）中果皮纵棱处有维管束，其周围有多数木化网纹细胞；背面纵棱间各有维管束，其周围有大的椭圆形棕色油管 1 个，接合面有油管 2 个，共 6 个。

（3）内果皮为 1 列扁平薄壁细胞，细胞长短不一。

（4）种皮细胞扁长，含棕色物。

（5）胚乳细胞多角形，含多数细小糊粉粒。

4. 马钱子种子的组织特征　显微镜下观察马钱子种子横切片，见图 2-92。

（1）表皮细胞分化成单细胞非腺毛，向一方倾斜，基部膨大略似石细胞状，壁极厚，强烈木化，有纵长扭曲的纹孔，体部有肋状木化增厚条纹，可被盐酸-间苯三酚试剂染成红色，胞腔断面观呈类圆形。

（2）种皮内层为颓废的棕色薄壁细胞，细胞边界不清。

（3）内胚乳细胞内含脂肪油及糊粉粒。

5. 槟榔种子的组织特征观察　显微镜下观察槟榔种子横切片，见图 2-93。

（1）种皮外层为数列切向延长的扁平石细胞，内含红棕色物；内层为数列薄壁细胞，内含棕色物，并散有少数维管束。

（2）外胚乳较狭窄，细胞含黑棕色物。

（3）内胚乳为白色多角形细胞，壁厚，壁孔大，内含油滴及糊粉粒。

（4）种皮内层与外胚乳常不规则插入内胚乳中，形成错入组织。

五、药材粉末显微特征观察

1. 五味子（果实）　粉末暗紫色。水合氯醛透化装片，显微镜观察，见图 2-94。

（1）果皮的表皮细胞呈多角形，表面具角质线纹；油细胞散在于表皮中，类圆形，周围有 6～7 个细胞围绕。

（2）种皮外层石细胞多角形，大小均匀，壁厚，孔沟极细密，胞腔小，内含棕色物；内层石细胞较大，类圆形、多角形或不规则形，壁稍厚，纹孔较大。

（3）胚乳细胞壁薄，含脂肪油及糊粉粒。

2. 小茴香（果实）　粉末绿黄色或黄棕色。水合氯醛透化装片，显微镜观察，见图 2-95。

（1）网纹细胞壁厚，木化，具卵圆形网状壁孔。

（2）油管呈黄棕色至深红棕色，常已破碎。分泌细胞呈扁平多角形。

（3）镶嵌状细胞为内果皮细胞，5～8 个狭长细胞为 1 组；以其长轴相互做不规则方向嵌列。

（4）内胚乳细胞多角形，无色，壁颇厚，含多数糊粉粒。

3. 槟榔（种子）　粉末红棕色或淡棕色。水合氯醛透化装片，见图 2-96。

（1）种皮石细胞纺锤形、长方形或多角形，壁不甚厚化。

（2）内胚乳碎片众多，细胞形状不规则，壁厚，具大型类圆形壁孔。

（3）外胚乳细胞长方形、类多角形，内含红棕色或深棕色物。

六、槟榔的理化鉴定

取粉末 0.5g，加蒸馏水 3～4ml，再加 5%硫酸溶液 1 滴，微热数分钟，过滤。取滤液 1 滴于载玻片上，加碘化铋钾溶液 1 滴，即显浑浊，放置后，置显微镜下观察，有石榴红色球晶或方晶产生，检查槟榔碱，见图 2-97。

作业

1. 绘制所观察的油细胞、油室、油管、分泌管的形态图。

2. 把所观察到的果实进行分门别类，做成思维导图的形式。

3. 根据性状特征鉴定出所给生药。

4. 绘小茴香分果横切面简图及五味子粉末特征图，并加以文字说明。

思考

1. 每种果实的分类依据是什么？

2. 如何区别单果、聚合果和聚花果？如何区分角果和荚果？如何区分荚果和蓇葖果？如何区分核果和浆果？哪些果实是假果？

3. 什么是错入组织？

4. 总结果实种子类药材的粉末显微鉴别的共同特征。

编者：植物形态学部分　云南中医药大学　刘小莉
云南中医药大学　张　洁　张彬若
图片拍摄：云南中医药大学　张　洁　上海辰山植物园　汪　远
实验图片敬请扫码观看（二维码见封底）

实验八　低等植物、苔藓、蕨类、裸子植物及其代表性药材

【实验目的】

1. 掌握藻类、菌类、地衣、苔藓、蕨类和裸子植物的特点。
2. 掌握冬虫夏草、茯苓、猪苓、灵芝、绵马贯众、海金沙、银杏、麻黄等生药的性状特征。
3. 掌握茯苓、猪苓、麻黄、螺旋藻等药材的显微特征。
4. 熟悉麻黄理化鉴定的方法。

【仪器与用品】

显微镜、酒精灯、临时装片用具、微量升华装置等。蒸馏水、水合氯醛溶液、稀甘油、5%氢氧化钾溶液等。

【实验材料】

1. 代表性药材　螺旋藻、冬虫夏草、茯苓、猪苓、灵芝、绵马贯众、海金沙、银杏、麻黄等。
2. 药材粉末　茯苓、猪苓、麻黄、螺旋藻等粉末。
3. 永久装片　麻黄茎横切片、绵马贯众叶柄横切片。

【实验内容与步骤】

一、观察低等植物、苔藓、蕨类、裸子植物的主要特征及其代表性药用植物

观察螺旋藻、冬虫夏草、茯苓、猪苓、灵芝、绵马贯众、海金沙、银杏、麻黄等代表性药用植物的形态特征。

注意观察真菌菌核的基本构造，蕨类植物的茎、叶片、孢子囊群形态，裸子植物的茎、叶、花及果实的形态等。

二、观察代表性药材的主要特征

1. 药材性状特征　观察冬虫夏草、茯苓、猪苓、灵芝、绵马贯众、海金沙、银杏、麻黄等药材的性状特征，掌握以上药材的主要性状特征，并识别药材。

2. 麻黄的组织特征　观察麻黄茎的横切片，见图 2-98。

（1）棱脊 8～10 个，棱脊间有下陷气孔；角质层厚，位于最外侧；表皮细胞类方形，外壁密布细小砂晶。

（2）皮层较宽，皮下纤维位于棱脊内侧，有少数皮层纤维束散在。

（3）中柱鞘纤维束新月形；维管束外韧型，8～10 个。韧皮部狭小，木质部呈三角形；形成层环扁圆形。

（4）髓部薄壁细胞含红棕色块。

（5）细小草酸钙砂晶或方晶或极多，多分布于表皮细胞、皮层薄壁细胞、皮层纤维或中柱鞘纤维等。

3. 麻黄粉末显微特征　粉末呈淡棕色。以水合氯醛透化装片，显微镜观察，见图 2-99。

（1）表皮细胞碎片甚多，外壁布满微小草酸钙砂晶；表皮细胞被厚角质层。

（2）气孔特异、内陷，保卫细胞侧面观呈哑铃形或电话筒状。

（3）皮部纤维和中柱鞘纤维成束，壁极厚；纤维外壁布满细小的砂晶和方晶，形成嵌晶纤维。

（4）螺纹具缘纹孔导管，后者具麻黄式穿孔板（端壁斜面相接，端壁具多个圆形穿孔）。

（5）色素块散在，棕黄色或红棕色，形状不规则。

4. 茯苓粉末显微特征 粉末灰白色。以5%氢氧化钾溶液封片、观察，见图2-100。

（1）薄壁菌丝直径10～20μm，壁薄，短棒状或结节状或不规则形状，末端钝圆，具分枝，大量存在，易破碎，多呈分枝状团块；内含多糖团块。

（2）厚壁菌丝（骨架菌丝）细长，直径2～3μm，壁稍增厚，少分枝，无色或淡棕色，具锁状联合。

5. 猪苓粉末显微特征 粉末呈灰白色。以5%氢氧化钾溶液封片、观察，见图2-101。

（1）薄壁菌丝稍粗，有分枝，直径4～8μm，壁薄，易破碎，内含多糖。

（2）厚壁菌丝（骨架菌丝）细长，直径1～2μm，壁稍增厚，少分枝，无色或淡棕色（外层菌丝），具锁状联合。

（3）晶体双锥形或八面形或不规则形。

6. 螺旋藻粉末显微特征 粉末呈深绿色。以水封片观察，见图2-102。

（1）藻丝体呈绿色，完整者盘旋呈弹簧状，长100～450μm。

（2）藻体细胞分隔明显，排列紧密似蚰蜒状，宽5～7μm，螺旋数3～7个。藻丝体顶端细胞钝圆形；胞腔内有充气液泡和叶绿体；染色后可见细胞核。藻丝体外表未见黏性鞘覆盖。

7. 绵马贯众的组织特征 观察绵马贯众叶柄横切片，见图2-103。

（1）表皮为1列外壁增厚的小型细胞，常脱落。表皮下为10余列多角形厚壁细胞，棕色至褐色，基本组织细胞圆形或椭圆形，排列疏松。

（2）周韧维管束5～13个，环列；每个维管束周围有1列扁小的内皮层细胞，凯氏点明显，其外有1～2列中柱鞘薄壁细胞。

（3）薄壁细胞中含棕色物和淀粉粒。

8. 麻黄的理化鉴定 取麻黄药材粉末少许进行微量升华，收集升华物，镜检。结晶呈颗粒状、微细针状、十字形、宝剑状或星芒状等，见图2-104。

9. 海金沙的火试 用小镊子或小钢铲取少量撒于酒精灯火焰上，可听见轻微的爆鸣声。

作业

1. 根据性状特征鉴定出所给生药。

2. 绘草麻黄茎横切面简图及粉末特征图，并加以文字说明。

思考

1. 以猪苓和茯苓为例，试总结真菌类药材的显微鉴别特征。

2. 以麻黄和绵马贯众为例，总结蕨类植物类药材的粉末显微鉴别的共同特征。

编者：大理大学　张德全

图片拍摄：昆明医科大学　唐丽萍　大理大学　张德全

实验图片敬请扫码观看（二维码见封底）

实验九　双子叶植物及其代表性药用植物和药材

【实验目的】

1. 掌握双子叶植物重点科属的主要特征、代表药用植物和药材。
2. 学习使用检索表鉴定植物。

【仪器与用品】

解剖镜、擦镜纸、镊子、载玻片、解剖针、吸水纸、蒸馏水等。

【实验材料】

1. 校园时令开花双子叶植物。
2. 双子叶药用植物的腊叶标本及药材标本。
3. 纸质版、电子版或在线《中国植物志》、《云南植物志》及地方志。

【实验内容与步骤】

一、观察双子叶植物的腊叶标本和药材实物

掌握双子叶植物桑科、蓼科、毛茛科、芍药科、木兰科、樟科、罂粟科、十字花科、蔷薇科、豆科、芸香科、大戟科、锦葵科、五加科、伞形科、木犀科、唇形科、茄科、玄参科、茜草科、葫芦科、桔梗科、菊科等科的主要特征。

注意观察植物习性（草本或木本）、叶序、叶形、托叶、花的结构、花序及果实类型，并了解各种药用植物的药用部位及功效。

注意观察大黄、附子、黄连、厚朴、肉桂、延胡索、板蓝根、金樱子、仙鹤草、山楂、决明子、黄芪、甘草、葛根、黄檗、吴茱萸、狼毒、人参、三七、西洋参、珠子参、通草、当归、白芷、川芎、柴胡、防风、连翘、龙胆、丹参、黄芩、香薷、藿香、枸杞、玄参、地黄、茜草、栀子、钩藤、金银花、栝楼、罗汉果、绞股蓝、桔梗、沙参、菊花、红花、云木香、旋覆花、灯盏花、蒲公英等药材的主要特征，并结合植物形态学、分类学的基础知识加以识别。

二、学习植物分类检索表的应用并鉴定植物

采集某种校园时令开花植物，如牵牛花、桂花、曼陀罗、桔梗、薄荷、地黄、金银花等。运用术语准确描述并记录其各部分形态，借助于解剖镜、放大镜、刀片、解剖针，仔细解剖并记录花的结构；对照检索表，将该植物鉴定到科，并将检索过程记录在实验报告上。

作业

1. 归纳总结 10 个双子叶植物主要科的主要特征，并从所观察的标本中选 10 种药用植物，指出其药用部位、药材名称、功效。
2. 利用植物分类检索表将所采集的新鲜植物鉴定到科。

思考

1. 双子叶植物有什么主要特征？
2. 如何正确使用植物分类检索表？

编者：云南中医药大学　李国栋

实验十　单子叶植物及其代表性药用植物和药材

【实验目的】

1. 掌握单子叶植物重点科属的主要特征、代表药用植物和药材。
2. 学习检索表的编制。

【仪器与用品】

解剖镜、放大镜、解剖针、单面刀片、擦镜纸、镊子、载玻片、尺子等。

【实验材料】

1. 新鲜材料　百合、唐菖蒲、马蹄莲、美人蕉等鲜切花或校园里现采的时令开花单子叶植物。

2. 腊叶标本　禾本科（薏苡、淡竹叶、大麦、白茅、芦苇、稻等）、天南星科（一把伞南星、半夏、石菖蒲等）、百合科（百合、卷丹、川贝母、韭菜、滇黄精、天冬等）、姜科（姜、阳春砂、草果、益智等）、兰科（白及、铁皮石斛、小白及、筒瓣兰、杜鹃兰等）的腊叶标本。

3. 其他资料　纸质版、电子版或在线《中国植物志》、《云南植物志》及地方志。

【实验内容与步骤】

一、观察并解剖单子叶植物的花

（一）百合

观察并记录鲜切花百合：①茎的分枝情况；②叶的着生方式；③叶片大小及毛被情况；④花的着生方式等。从外到内解剖百合的花，观察：①花的类型；②花被片的排列方式及数目；③雄蕊群的数目；④子房的位置；⑤柱头裂片的数目；⑥子房横切后，利用解剖镜或放大镜观察胎座的类型及胚珠的数目。运用术语准确描述各部分形态。

（二）唐菖蒲

观察并记录鲜切花唐菖蒲：①叶的着生情况；②花序类型；③苞片特征等。从外到内解剖唐菖蒲的花，观察：①花的类型；②花的对称情况；③花被裂片的排列方式及数目；④雄蕊群的数目及花药；⑤子房的位置；⑥柱头裂片的数目；⑦子房横切后，利用解剖镜或放大镜观察胎座的类型及胚珠的数目。运用术语准确描述各部分形态。

（三）马蹄莲

观察并记录鲜切花马蹄莲：①花序的类型；②佛焰苞的颜色及形状。利用解剖镜或放大镜辨别：①肉穗花序的性别；②雌雄花的情况。运用术语准确描述各部分形态。

（四）美人蕉

观察并记录美人蕉：①叶的形状、着生方式和脉序特征；②花序类型；③花的对称性；④花的苞片、萼片、花瓣、退化雄蕊和雄蕊的数目及特征；⑤子房的位置、胎座类型及胚珠数目。运用术语准确描述各部分形态。

（五）校园中现采的禾本科、莎草科植物等

观察、解剖并记录所观察植物的各个形态特征：①茎生叶的排列方式；②叶（叶鞘、叶片和叶舌）的特征；③花序的类型；④颖片、稃片、浆片、雄蕊群及雌蕊群的特征。运用术语准确描述各部分形态。

二、观察腊叶标本

1. 翻阅腊叶标本的注意事项

（1）每一份标本来之不易，花费了很多的人力、物力和财力，应该以敬畏之心爱惜每一份标本，不能随意摘取或涂改标本上的任意部分。

（2）移动腊叶标本要平拿平放，注意不能竖立或侧立。

（3）查阅完的标本要归位。

（4）翻阅标本时不能将水杯放在附近。

2. 收集信息 翻阅腊叶标本，注意收集其主要组成部分的信息，如采集签、鉴定签和标签的信息。

3. 观察 借助放大镜、尺子等工具，仔细观察每份标本各器官的形态特征，按科将腊叶标本进行归类，总结单子叶植物主要科的一般特征。

三、观察单子叶植物主要药材

注意观察薏苡仁、淡竹叶、槟榔、一把伞南星、半夏、百合、川贝母、浙贝母、滇黄精、玉竹、重楼、麦冬、天冬、薯蓣、姜、姜黄、莪术、益智、砂仁、草果、豆蔻、天麻、白及、枫斗等药材的主要特征，并结合植物形态学、分类学的基础知识加以识别。

四、植物分类检索表的应用和编制

（一）分类检索表的使用

利用各种志书的分类检索表，将上面新鲜解剖的植物鉴定到种，并记录检索过程。

（二）分类检索表的编制

根据解剖观察或查阅标本的结果，找出其主要识别特征，按二歧归类法，编制虎头兰、唐菖蒲和百合的分类检索表。

作业

1. 单子叶植物主要科的代表性药用植物有哪些？各举 5 个例子，并列出药用部位、药材名称、主要功效。

2. 简述单子叶植物和双子叶植物的主要区别。

思考

结合本实验的内容，总结被子植物的主要特征。

编者：云南中医药大学　李宏哲

实验十一　校园植物的观察与识别

【实验目的】

1. 认识校园里的常见植物及其药用价值。
2. 掌握常见植物科的基本特征。
3. 熟悉植物分类检索表。

【仪器与用品】

照相机、笔记本、笔、检索表及相关工具书、采集袋、解剖用具、地图、校园植物名录等。

【实验内容与步骤】

一、常见校园药用植物的识别

利用校园植物名录和植物识别软件，进行校园植物的识别与记录。

二、常见科特征的归纳总结和分类检索表的编制

通过观察具体植物的形态特征，掌握重点科的主要特征。选择 10 种校园常见植物进行特征描述，并选择其中 5 种植物编制分科检索表。

1. 常见植物科的识别特征　从植物习性、花和果实的结构，以及特殊结构等方面来识别常见植物科的主要特征（表 2-1）。

表 2-1　常见植物科的主要特征

科名	植物形态	主要植物特征
双子叶植物		
木兰科	木本	雄雌蕊多数，聚合蓇葖果
毛茛科	草本	雄雌蕊多数，聚合瘦果或蓇葖果
罂粟科	草本	常有液汁，蒴果孔裂或缝裂
石竹科	草本	二歧聚伞花序，双花被 5 数
蓼科	草本	茎节膨大，有膜质托叶鞘
藜科	草本或灌木	花小，单花被，干膜质，常宿存，胞果
苋科	草本	花小，单花被，干膜质，宿存，胞果，盖裂
十字花科	草本	总状花序，十字形花冠，四强雄蕊，角果
葫芦科	藤本	具卷须，叶常掌状分裂，花单性同株，双花被 5 裂
锦葵科	草本或灌木	具副萼，单体雄蕊，花药 1 室
大戟科	草本	植株常具乳汁，蒴果 3 室 3 裂
蔷薇科、苹果亚科	灌木	子房下位、半下位，肉质的梨果
蔷薇科、蔷薇亚科	灌木	子房上位，心皮常多数，聚合瘦果、蔷薇果
蔷薇科李亚科	乔木	子房上位，心皮 1，核果

续表

科名	植物形态	主要植物特征
蔷薇科绣线菊亚科	草本	子房上位，蓇葖果
豆科（含羞草亚科）	木本	羽状或三出复叶，花辐射对称，花丝数倍长于花冠
豆科云实亚科	木本	羽状或三出复叶，花冠两侧对称，假蝶形，雄蕊 10 枚
豆科蝶形花亚科	草本	羽状或三出复叶，蝶形花冠，雄蕊 10，多为二体
杨柳科	木本	花单性异株，柔荑花序
壳斗科	木本	柔荑雄花序，坚果外被壳斗
葡萄科	藤本	常具与叶对生的卷须，浆果
芸香科	木本	具油腺点，复叶，柑果或蒴果
木犀科	木本	叶对生，花被 4 裂，雄蕊 2，心皮 2，子房上位
忍冬科	木本	叶对生，花 5 基数，子房下位
山茶科	常绿木本	叶革质，花两性或单性，5 基数，雄蕊多数
伞形科	草本	有异味，裂叶或复叶，伞形花序，双悬果
茄科	草本	聚伞花序，花 5 数，萼宿存，花冠轮状、钟状
茜草科	草本	叶间托叶，冠生雄蕊 5，心皮 2，子房下位
旋花科	草本	常具乳汁，花 5 数，萼宿存，花冠漏斗状
玄参科	草本	萼宿存，花冠常二唇裂，二强雄蕊，蒴果
唇形科	草本	茎四棱，唇形花冠，不整齐，二强雄蕊，4 小坚果
紫草科	草本	被硬毛，花 5 基数，整齐，花冠喉部具附属物，4 小坚果
菊科	草本	头状花序，具总苞，花冠筒状、舌状，连萼瘦果
单子叶植物		
泽泻科	水生草本	花被片 6，常萼片状，宿存，聚合瘦果
棕榈科	木本	叶簇生茎顶，肉穗花序有佛焰苞，花基数 3
天南星科	草本	叶有长柄，网状脉，肉穗花序有佛焰苞，浆果
百合科	草本	常具根茎、鳞茎或块根，单叶，花被 6 片，心皮 3，子房下位，中轴胎座，蒴果或浆果
鸢尾科	草本	具根茎、球茎或鳞茎，花被片 6，雄蕊 3，花柱 3 裂，裂片圆柱形或扁平呈花瓣状
石蒜科	草本	具鳞茎或根茎，叶 2 列基生，伞形花序
莎草科	草本	茎常三棱，实心，节不明显
禾本科禾亚科	草本	草质秆圆，中空，节明显，颖果
禾本科竹亚科	高大草本	木质秆圆，中空，节明显，颖果
姜科	草本	有辛香味，唇瓣 1，发育雄蕊 1，退化雄蕊常花瓣状
兰科	草本	花被 6，不整齐，有唇瓣、合蕊柱，种子粉末状

2. 植物分类检索表的类型与编制方法 植物分类检索表是以区分植物种类为目的而编制的，常用的二歧分类检索表是用来鉴定植物种类或所属类群的重要工具（资料）之一。这种检索表把同一类别的植物，根据一对或几对相对性状的区别，分成相对应的两个分支。再根据另一对或几对相对性状，把上面的每个分支再分成相对应的两个分支。直到编制出包括全部生物类群的分类检索表。

常见的植物检索表有定距式、平行式和连续平行式三种。

编制检索表具体流程包括：①全面细致地研究需要编制到检索表中的植物；②对各种形态特征

进行比较分析，找出各种形态的相对性状（注意一定要选择醒目特征）；③根据拟采用的检索表形式，按先后顺序，分清主次，逐项排列起来加以叙述；④在各项文字描述之前用数字编排；⑤到检索出某一等级的名称时，写出具体名称（科名、属名与种名）。在名称之前与文字描述之间要用“…”连接。

编制植物检索表时，必须准确理解植物形态名词术语的含义，并且认真细致地观察植物的形态特征。需注意的是，所编制的植物检索表中植物出现的顺序取决于编制者所选取植物特征的先后，并不能反映植物间的亲缘关系。

作业

1. 任选五种校园植物，并据此编制五种植物的分科检索表。
2. 任选同一科的数种植物，并总结该科的特征。
3. 任选一种校园植物，查阅文献，总结其药用价值。

思考

1. 目前常见的植物识别软件有哪些？试用植物识别软件，鉴定已知栽培植物和野生植物各十种，比较各软件的优缺点和识别正确率。

2. 既然目前有多种便捷的识别软件，为什么我们还要学习植物学，记忆植物的鉴别特征？

编者：云南民族大学　杨青松

实验十二　中药材市场调研

【实验目的】

1. 了解中药材市场流通的常见大宗药材及其真伪辨识。
2. 熟悉常见大宗药材的基本特征。
3. 了解中药材的生产销售环节。

【仪器与用品】

照相机、笔记本、笔、地图、市场调查设计表及其相关资料。

【实验材料】

云南省昆明市菊花园中药材市场中的流通药材。昆明市菊花园中药材市场是经批准成立的中药材市场之一。该市场交易的药材占全省中药材供给量的80%以上，涵盖全省常见、大宗及贵重药材。

【实验内容与步骤】

一、熟悉中药材市场的行业术语

中药材行业具有很多独特之处，如品种多，产地多，规格等级多，历史悠久等，众多特点造就了中药材市场的交流具有专业性、复杂性，为了更好地理解中药材行业，需要熟悉中药材的专业术语。

1. 规格类术语　中药材规格包括药材的颜色、产地、包装、外在形状等。

（1）初加工分级：统货、选货、大选、小选、特选、一级、二级、三级、四五混级、级外投料，其中统货指大小货混在一起的规格。分级常见的有白芍、生地、天麻、三七、人参、川芎、西洋参等。例如，三七分20头、40头、60头、80头、无数头、剪口、筋条等不同的等级。

（2）颜色：黄统、青统、黑统、白统、红统等，如连翘有青黄、牡丹皮分黑丹（没去外皮）和白丹（也称刮丹，就是刮去外皮）。

（3）产地：就是以产地名来区别同一种药材，如白术有亳统（亳州产）和浙统（浙江产），甘草有新统（新疆产）和内蒙统（内蒙古产）等。

（4）质量：大致分为家种和野生、国产和进口、柴质和粉质，如野生丹参和家种丹参，进口西洋参和国产西洋参，粉干姜和柴干姜等。

（5）包装：有机包、编织袋、散把、柳条把等，如袋装半枝莲和机器捆半枝莲，散把党参、柳条把当归等。

（6）初加工方法：有清水、盐水、生统、熟统、净货、水洗等。

2. 经营分类用语　此类用语有大宗品种、名贵药材、地产药材、冷背品种等。

用量大且常见的常用品种称为大宗品种。价格昂贵、用量较小的药材称为名贵药材，如人参、西洋参、海马、蛤蚧、鹿茸、穿山甲、冬虫夏草、天麻等。冷背品种是指药市上很少有卖、货源很少的品种，如苎麻根、墓头回、手堂参、金荞麦等。

此外，药市还有小三类品种药材，指药市上较为常见，但社会需求量不大，平常货源走动较少的药材，如徐长卿、甘遂等。

二、认识中药材市场的贵重及大宗药材及其伪品、混淆品

结合课前预习资料，对中药材市场中贵重药材和常见大宗药材进行识别。按分组进行中药材市

场调研，每组同学分别记录十种药材及其伪品、混淆品。

40 种常见中药材品种：人参、黄芪、贝母、延胡索、桔梗、牛黄、黄连、当归、川芎、生地、白术、白芍、茯苓、麦冬、银花、菊花、香附、甘草、杜仲、厚朴、连翘、木香、三七、天麻、羚羊角、熊胆、朱砂、枸杞子、荜茇、安息香、苏合香、苦参、肉豆蔻、白前、巴戟天、天南星、蔓荆子、瓜蒌、佛手片、肉苁蓉。

三、了解中药材销售环节

在进行药材识别的过程中，结合市场调研的基本流程对目标中药材开展市场调研，了解中药材销售的环节。根据市场调研流程完成以下步骤：调研计划撰写、调研问卷设计、调研问卷实施、调研问卷收集与整理、数据分析及调研报告撰写。

对小组选定的三种目标药材开展市场对比调研，比较菊花园中药材市场不同商家，以及通过网络比较 17 家全国主要中药材市场目标药材的营销情况。

作业

1. 介绍 3 种中药材市场的大宗药材及其赝品，并描述每种药材的鉴别特征。
2. 根据调研的结果，列表比较大宗药材的交易情况。

思考

如果你是中药材市场的销售人员，如何利用所学知识高效地完成销售任务？

编者：云南民族大学　杨青松

实验十三　中成药的显微鉴定

【实验目的】

1. 掌握中成药显微鉴定的思路和方法。
2. 掌握中成药六味地黄丸、知柏地黄丸、杞菊地黄丸的专属性显微特征。
3. 熟悉中成药六味地黄丸、知柏地黄丸、杞菊地黄丸的共性显微特征。

【仪器与用品】

显微镜、酒精灯、临时装片用具、白瓷反应板等。蒸馏水、水合氯醛溶液、稀甘油等。

【实验材料】

六味地黄丸、知柏地黄丸和杞菊地黄丸等三种中成药。

【实验内容与步骤】

一、处方分析

1. 六味地黄丸
处方：熟地黄 160g、酒萸肉 80g、牡丹皮 60g、山药 80g、茯苓 60g、泽泻 60g。
2. 知柏地黄丸
处方：知母 40g、黄柏 40g、熟地黄 160g、山茱萸（制）80g、牡丹皮 60g、山药 80g、茯苓 60g、泽泻 60g。
3. 杞菊地黄丸
处方：枸杞子 40g、菊花 40g、熟地黄 160g、酒萸肉 80g、牡丹皮 60g、山药 80g、茯苓 60g、泽泻 60g。

制法：以上三个处方的制法相同。分别取药材，粉碎成细粉，过筛，混匀。每 100g 粉末加炼蜜 35～50g 与适量的水，泛丸，干燥，制成水蜜丸；或加炼蜜 80～110g 制成小蜜丸或大蜜丸，即得。

二、显微鉴定

1. 确认各种药材的典型显微特征　分别取以上药材粉末，制片观察。如果已熟悉上述药材粉末的显微特征，可省略此步骤。

2. 取六味地黄丸、知柏地黄丸、杞菊地黄丸各 1 粒，置白瓷反应板中，加蒸馏水 2 滴，自然崩解后，取任意一种药丸中心的粉末少量，镜检以下特征，见图 2-105。

（1）棕色至黑棕色组织碎片，细胞皱缩、胞间界限不清，具棕色核状物（熟地黄）。
（2）淀粉粒大，较多，三角状卵形、矩圆形，直径 8～35μm，脐点点状、人字形等；草酸钙针晶多成束，长 95～240μm（山药）。
（3）淀粉类圆形，直径 3～14μm（泽泻）。
（4）无色菌丝和棕色菌丝细长、弯曲，直径 3～10μm（茯苓）。
（5）草酸钙簇晶直径 9～45μm，有时可见含晶细胞纵向成行（牡丹皮）。
（6）果皮细胞类多角形，直径 16～30μm，垂周壁连珠状增厚，胞腔内含淡橙黄色物（山茱萸）。
（7）草酸钙针晶束长 26～110μm，直径达 7μm，似柱晶，碎断时似方晶（知母）。

（8）石细胞或异形石细胞与晶纤维鲜黄色；可见晶纤维与散在方晶，方晶直径 8～24μm（黄柏）。
（9）种皮石细胞不规则多角形，壁厚、波状弯曲、层纹清晰（枸杞）。
（10）花粉粒类圆形，直径 24～34μm，外壁有刺，长 3～5μm，具 3 个萌发孔（菊花）。

作业

1. 绘六味地黄丸、知柏地黄丸、杞菊地黄丸主要的显微特征。
2. 写出三种中成药的鉴定结果及其依据。

思考

1. 请总结中成药显微鉴定的基本思路及鉴定过程中的注意事项。

2. 请先阅读《中华人民共和国药典》（2020 年版）（简称《中国药典》）（2020 年版）相关内容，再思考：在小儿咳喘颗粒、小儿泻痢片中，哪些药材可以采用显微鉴定，它们的主要鉴别特征是什么？为什么有些药材不能使用显微鉴定的方法？

3. 川芎茶调散是由八味中药经粉碎、过筛、混匀所得。据《中国药典》（2020 年版），该中成药的显微鉴定项下只涉及其中五味：川芎、白芷、防风、羌活、甘草。请问该鉴定中排除细辛、薄荷、荆芥三味药材的原因是什么？

编者：大理大学　张德全
实验图片敬请扫码观看（二维码见封底）

实验十四　生药的分子鉴定

【实验目的】

1. 理解生药分子鉴定的原理和意义。
2. 掌握总 DNA 提取和 PCR 扩增反应的操作流程。
3. 学习生药分子鉴定的数据分析方法。

【实验原理】

生药鉴定包括基源鉴定、性状鉴定、显微鉴定、理化鉴定、分子鉴定等。生药分子鉴定是指通过分析生物遗传物质核酸（主要为 DNA）的多态性来推断物种的遗传变异，从而实现药材鉴别的方法。借助 DNA 分子标记技术（DNA 条形码技术），对生药和含原生药的中成药及其基源进行真伪优劣的鉴定，是生药学与分子生物学学科交叉的产物。由于 DNA 分子信息量大、遗传稳定、在一定程度上不受外界环境因素、生物体发育阶段、器官组织差异的影响，该方法较传统的显微和理化鉴定具有更好的准确性、通用性、重复性和可比性。

【仪器与用品】

聚合酶链反应（PCR）核酸扩增仪、台式高速离心机、ABI3730 或 ABI3500 等测序仪、紫外线灯、高速组织粉碎仪、恒温水浴锅、研钵、电热鼓风干燥箱、冰箱、灭菌锅、紫外凝胶成像仪、凝胶电泳仪、移液枪（规格：1000μl、200μl、100μl、20μl、10μl、2.5μl）、尖底离心管（1.5ml）、圆底离心管（5ml 或 2ml）、PCR 小管（0.2ml）、塑料载管板、点样板、封口膜或塑料薄膜、镊子或小刀、卡纸、量筒、三角瓶、烧杯、小玻璃珠、大玻璃珠、电泳凝胶板、梳子等。

【主要试剂】

双蒸水（ddH_2O）、4×CTAB 提取液、石英砂、聚乙烯基吡咯烷酮（PVP）、液氮、*β*-巯基乙醇（2%，*V*/*V*）、氯仿-异戊醇混合液（24：1）、异丙醇、70%乙醇、无水乙醇、10× 扩增缓冲液（含 $MgCl_2$）、脱氧核糖核苷三磷酸（dNTP）、*Taq*DNA 聚合酶、扩增引物、溴酚蓝、琼脂糖、1.0×TAE 缓冲液、核酸染料、纯化试剂盒或 ExoSAP 酶。

【实验材料】

根据实际情况，以下材料任选一种。
1. 新鲜材料　药用植物的新鲜叶片、药用真菌的新鲜组织。
2. 硅胶干燥材料　通过硅胶干燥剂处理后的药用植物和真菌干燥材料。
3. 腊叶标本　通过自然干燥或烘烤干燥后的药用植物或真菌的材料。

【实验内容与步骤】

一、总 DNA 提取

总 DNA 的提取采用 4×CTAB 法，在 Doyle 等研究方法的基础上做了相应的修改。具体步骤如下。

（1）用洗净灭菌后的镊子或小刀，撕取或切下一小块组织或叶片样品，装入 2ml 或 5ml 的圆底离心管中，对样品进行实验序号标记（在管壁及顶盖上进行双标记），并记录样品的相关信息（表 2-2）。

表 2-2

实验序号	样品中文名	样品拉丁名	采集人	采集号	采集时间	采集地点
001	滇白珠	*Gaultheria leucocarpa* var. *yunnanensis*	陆露、李依容、高亮新	2017.11.18	LL-2017-5	四川峨眉山

（2）在装有样品的离心管中，加入石英砂、PVP、小玻璃珠各一小匙，大玻璃珠 1 粒，盖紧离心管盖，然后在高速组织粉碎仪中研磨 5 分钟（干磨）。也可将干净的组织或叶片样品放在消毒灭菌后的研钵中，加液氮研磨样品，然后转移到预冷的 2ml 或 5ml 离心管中。

（3）在装有磨好样品的离心管中，加入 300μl 65℃水浴预热的 4×CTAB 提取液和 2μl *β*-巯基乙醇（2%，*V*/*V*），使样品完全分散在提取液中，高速组织粉碎仪中再次研磨 5 分钟（湿磨）；再加入 400μl 已预热的 4×CTAB 提取液，于 63℃恒温水浴锅中温浴 1.0～1.5 小时，其间摇匀 3～5 次。

（4）取出后加 400 μl 双蒸水；待冷却至室温后，加入 500～800μl 的氯仿-异戊醇混合液（24：1），摇匀 5 分钟，然后离心 5 分钟（9000 r/min）。

（5）将上清液转移到新的离心管中，吸取过程中注意不要把杂质吸起；再加入等体积的氯仿-异戊醇混合液（24：1）；离心管上下颠倒充分振摇 5 分钟，然后离心 5 分钟（9000 r/min）。

（6）重复上一步骤。

（7）上清液转移至 1.5ml 尖管离心管，加入预冷异丙醇（按 1：1 的体积比），轻轻地混匀，沉降 DNA，颠倒 2～3 次，可见白色 DNA 絮状沉淀；室温下静置后，离心 10 分钟（9000 r/min），弃去上清液。

（8）所得沉淀分别用 70%乙醇和无水乙醇各 100μl 依次漂洗 3 次，每次离心 1 分钟（9000 r/min）。然后，将离心管盖打开，置于室温下使乙醇挥发，待乙醇完全挥发且总 DNA 干燥后，加入适量双蒸水或 1.0 × TEA 缓冲液，充分溶解总 DNA，最后置于–20℃（或 4℃）冰箱中保存待用。

二、PCR 扩增

PCR 扩增反应，是在生物体外将微量的特定 DNA 片段进行大幅度增加的过程。在生物体外，双链 DNA 分子在高温时（约 95℃）热变性为两条单链 DNA 分子，低温下（约 60℃），使反应体系中的两个引物分别与两条 DNA 单链的序列特异结合。在耐热的 DNA 聚合酶作用下（约 72℃），以单链 DNA 为模板，利用反应体系中的 dNTP，在引物引导下，按碱基互补配对原则，从 5′到 3′方向复制互补 DNA，合成其互补链，完成引物延伸。通过不同梯度的温度变化，进行“变性—复性—延伸”的循环过程，每一个循环 2～4 分钟，30 次循环后，用时 2～3 小时，DNA 片段的量可以增加 2^{30} 倍，实现扩增目的。

PCR 扩增引物：引物是人工合成的两段寡核苷酸序列，用于扩增目的 DNA 片段，一个引物与目的片段一端的一条 DNA 模板链互补，另一个引物与目的片段另一端的另一条 DNA 模板链互补。本实验以核糖体内转录间隔区（the internal transcribed spacer region，ITS）为目的片段，进行 PCR 扩增。该片段对药用植物与真菌具有广泛分类鉴别能力。扩增引物为 ITS4 和 ITS5，其碱基组成（5'→3'）：ITS4（TCC TCC GCT TAT TGA TAT GC）和 ITS5（GGA AGT AAA AGT CGT AAC AAGG）。

PCR 反应体系（一般采用 25 μl 体系），反应体系各个组分见表 2-3。

表 2-3　PCR 反应体系各组分

组分	25（μl）
双蒸水	19.6
PCR 10×扩增缓冲液（含 $MgCl_2$）	2.5
dNTP（10mmol/L）	0.5
引物 A（5μmol/L）	1
引物 B（5μmol/L）	1
Tag 酶（2.5U/μl）	0.2
DNA 模板	0.2

PCR 扩增反应程序：DNA 双链的解链温度一般在 92～95℃，常用 94℃；退火温度一般在 45～70℃，根据引物的 T_m 不同而变化；延伸温度一般情况下均采用 72℃。ITS 片段的 PCR 扩增热循环参数如下。

（1）94℃预变性 5 分钟。

（2）94℃变性 40 秒，52～54℃退火 40 秒，72℃延伸 1 分钟，循环 35 次。

（3）72℃延伸 5 分钟。

扩增产物于 4℃保存。

三、PCR 扩增产物的检测与测序

用琼脂糖凝胶电泳法检测 PCR 扩增反应是否成功，具体步骤如下。

1. 制胶板 在电泳凝胶板中插放好带有点样孔的梳子。按 1%的比例配制凝胶。称取 0.4g 琼脂糖，放入锥形瓶中，再加入 40ml 1.0×TAE 缓冲液，摇匀。在微波炉中加热至沸腾，充分溶解。稍冷却后，趁热加入核酸染料 1μl，摇匀。将液体胶缓缓倒入电泳凝胶板中，室温下冷却。等凝固后，轻轻拔出梳子，将胶放入盛有电泳缓冲液（1.0×TAE）的电泳槽中，缓冲液需淹没凝胶。

2. 点样 在点样板、封口膜或塑料薄膜上，取 2～4μl 的扩增产物，与溴酚蓝溶液混匀，把混合液加入到琼脂糖凝胶点样孔中，在 90～120V 的稳压电源下，电泳 10～20 分钟。

3. 检测 在紫外凝胶成像仪或紫外光透射仪下，检测 PCR 扩增产物条带的情况，并记录结果（图 2-106）。

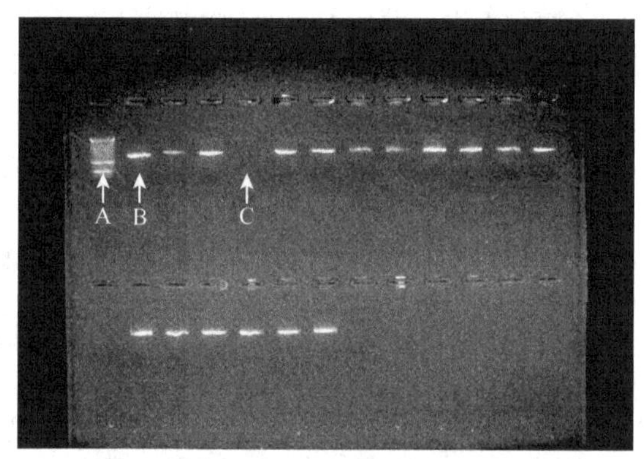

图 2-106 PCR 扩增产物的检测情况

A. 电泳 Marker 条带；B. 已成功扩增出 PCR 产物（有条带）；C. 未成功扩增出 PCR 产物（没有条带）

四、PCR 扩增产物纯化和双脱氧链终止法测序

PCR 扩增产物一般不能直接用于测序，因为过量的引物、*Taq*DNA 聚合酶及 dNTP 会干扰后续的酶切和双脱氧法测序反应。PCR 扩增产物可通过纯化试剂盒或 ExoSAP 酶进行纯化处理。纯化后的 PCR 扩增产物通过双脱氧链终止法测序（以英国人 Fred Sanger 命名，又称为 Sanger 测序）获取序列数据。该方法通过掺入带有荧光染料标记的 ddNTP，在 DNA 序列的复制过程中，从某一位点开始，随机在四个特定碱基的任何一处终止，产生以 A、T、C、G 终止的不同长度的一系列 DNA 链（即链的长度由掺入到新合成链上随机位置的 ddNTP 决定），利用 ABI3730 或 ABI 3500 等测序仪，可以通过电泳方法分辨不同长度的 DNA 链并检测出末端位点的碱基，从而获得整段 DNA 序列的碱基排序。

五、生药分子鉴定的数据分析

通过双脱氧链终止法测序获得 DNA 片段的序列后，将该序列与核苷酸数据库中相同目的片段的序列进行相似性比较。提取与序列完全一致或相似度最高的序列，评估出该样品的物种（分类单元）学名，或揭示出与之亲缘关系较近的物种（分类单元），对样品进行初步的分子鉴定。具体分析步骤如下。

（1）通过双脱氧链终止法测序，获得带有测序图的两个.abi 文件，分别为两个（一对）引物扩增得到的正向测序序列及反向测序序列（图 2-107）。利用基因多态性分析软件（如 DNAstar 软件包、Sequencher、Geneious 等）将这两条序列拼接在一起，获得一条完整的序列。拼接过程中，要对机器误读、重峰、错峰、乱峰等情况进行人工评判和校对，保证数据的准确性。最后将序列保存为可编辑的文本文件。

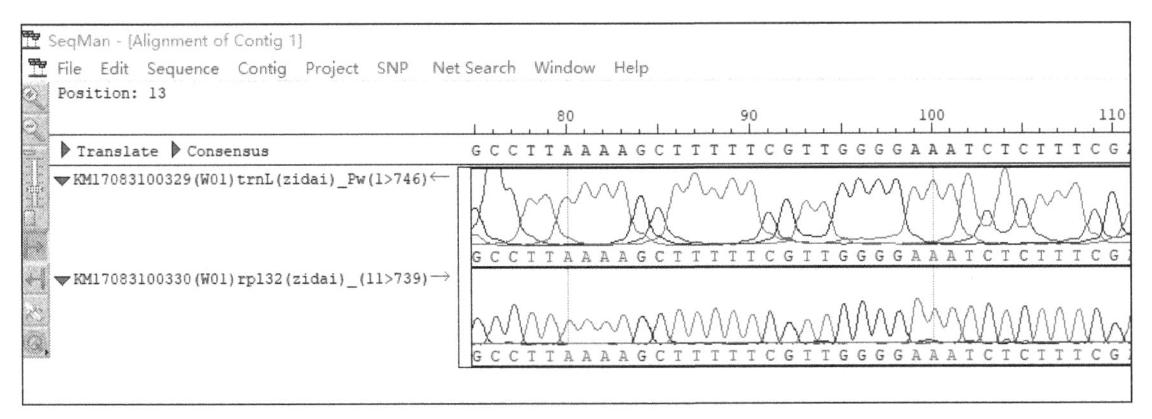

图 2-107　利用 DNAstar 软件包中的小程序 SeqMan 进行 DNA 序列的拼接与比对

（2）利用美国国家生物技术信息中心（NCBI）网站在线的 BLAST 程序，将获得的序列与公开数据库中的序列进行相似性比较（图 2-108）。BLAST（Basic Local Alignment Search Tool）是一套在蛋白质数据库或核酸数据库中进行相似性比较的分析工具，其相似性基于统计学分析，得到结果并给予评分。

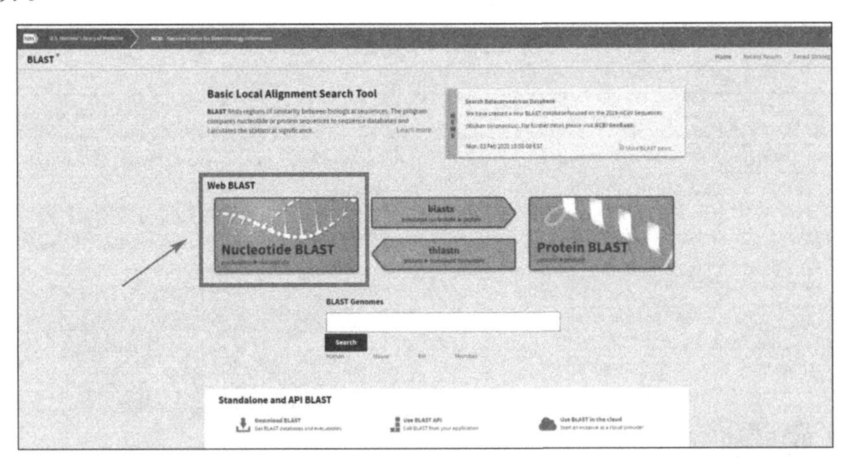

图 2-108　美国国家生物技术信息中心（NCBI）网站在线 BLAST 界面

进入 BLAST 界面，先选择用于核苷酸比较的 Nucleotide BLAST（图 2-108，其他选择还包括蛋白质序列等），再点击进入。在 BLAST 功能界面的查询序列框（Enter Query Sequence）内，复制粘贴本实验的序列数据（图 2-109）。根据 DNA 片段类型和特性选择合适的参数，点击 BLAST 功能键，系统开始运算分析。得到与本实验序列相同或相似的序列，并按照相似度评分排序（图 2-110）。在此基础上对序列的分类学情况进行评估。

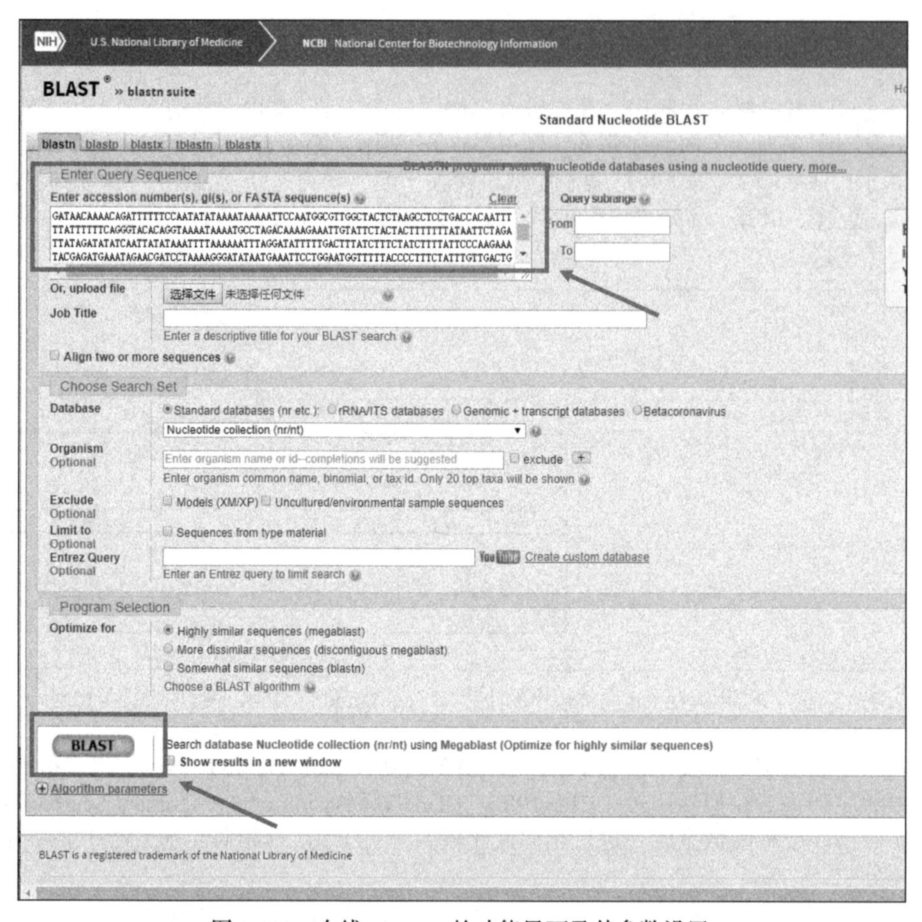

图 2-109　在线 BLAST 的功能界面及其参数设置

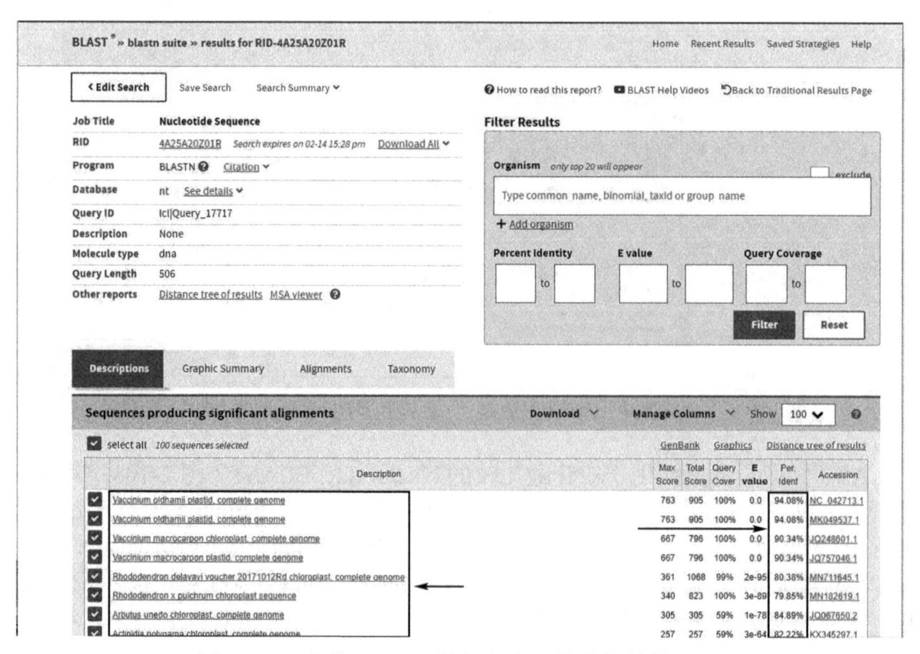

图 2-110　在线 BLAST 的相似度比较分析结果界面

【实验注意事项】

1. 实验物品的消毒与灭菌　为避免交叉污染，分子生物学实验所需的试剂、器皿和耗材等一般都需要消毒或灭菌。实验室一般采用高压灭菌法和紫外线灭菌法。

（1）高压灭菌法：将需消毒灭菌的物品，通过灭菌锅（一般 50 分钟左右）进行灭菌；取出后，置于电热鼓风干燥箱中于 65～70℃ 下干燥。本法适用于耐高温的物品。

（2）紫外线灭菌法：将需消毒灭菌的物品，放入超净工作台，打开紫外灯，紫外线灭菌 30 分钟左右即可。适用于不耐高温的物品。

2. 移液枪的使用

（1）根据量度范围，选择合适的移液枪。容量设置过程中，如果需要从较大值调节到较小值，可以直接从该较大值调节到较小值；但如果从较小值调节到较大值，需要调节到超过较大值 1/3 圈后再返回，以弥补计数器里面留有的间隙。

（2）注意枪身不能触碰到试剂瓶的内壁，以避免交叉污染。吸取液体之前，需要浸润枪头，即把需要转移的液体吸取后再排放，反复几次，使枪头内壁形成一层同质液膜，避免产生误差。吸取液体时，需缓慢平稳地松开拇指，以免因液体吸入过快而冲入移液器内腐蚀柱塞。最后，检查吸入量是否与所需量相等。

（3）将吸入的液体转移至目的管中，排液时枪头接触倾斜的管壁内侧，先将旋钮按压到第一停点，停留片刻；再按压到第二停点，吹出枪头内部剩余溶液。

（4）使用完毕后，将移液枪的量程调节至最大值，使枪内弹簧处于松弛状态以保护弹簧。并将移液枪垂直放在枪架或相应存放处。

3. 离心机的使用

（1）使用前，检查离心机是否放在稳固的水平台面。

（2）启动前，检查平衡。装有样品的离心管应先放在天平上两两配平，将重量一致的两个离心管放入离心机内相互对称的位置。所有离心管样品的重量应基本一致，以确保离心时平衡。启动前，应拧紧离心机盖子。

（3）运行中，禁止按下任何功能键；自动停止前，禁止打开离心机盖强迫离心机停转。

（4）使用后，应细心保养。用 95%乙醇依次擦拭离心机的内腔，除去污垢，以免腐蚀离心机内部构件。

4. 实验废液与实验垃圾的处理

（1）禁止将实验废液倾倒在实验室的水槽（池），以免排放到下水管道中，集中收集后，统一回收处理。

（2）实验垃圾（如枪头、试管、其他一次性耗材等）单独收集处理，不得将其和生活垃圾混投。

作业

请将你手中的生药样品，进行总 DNA 提取和 PCR 扩增，并在获得测序序列后，鉴定出该样品为哪个物种（分类单元）或在遗传上近似哪个物种（分类单元）？

思考

1. 分析总 DNA 提取成功或失败的原因有哪些？

2. 影响生药分子鉴定是否成功的因素有哪些？

附 1：4×CTAB 提取液配方

配制体积	100ml	50ml
Tris-HCl（pH8.0）	10ml	5ml
NaCl	28ml	14ml

续表

配制体积	100ml	50ml
EDTA	5ml	2.5ml
CTAB	4g	2g
PVP	1g	0.5g
亚硫酸钠（sodium sulfite）	1g	1g
β-巯基乙醇（随用随加）	0.2%～2%	

附 2：总 DNA 提取常用试剂的作用

Tris-HCl：提供缓冲环境，防止 DNA 被破坏。

EDTA：抑制 DNase 活性，防止细胞破碎后 DNA 酶降解 DNA。

NaCl：提供高盐环境，使 DNA 充分溶解。

β-巯基乙醇：抗氧化剂，防止酚氧化成醌，避免褐变。

石英砂：研磨剂，有助于破坏细胞壁，促进 DNA 的释放。

PVP：吸附酚类物质，减轻酚类物质对所提 DNA 的影响，特别是老化的材料。

玻璃珠：增加研磨性，使得材料充分磨碎，细胞壁破裂。

高温水浴：能裂解细胞，使染色体离析，蛋白质变性，释放出核酸。

氯仿-异戊醇：抽提蛋白质，使蛋白质变性，从而将蛋白质从溶液中析出。

氯仿：去除核酸溶液中的酚、多糖和脂类等脂溶性成分。

异戊醇：有助于降低表面张力从而减少操作过程中蛋白质产生气泡；有助于萃取体系的分层，并维持分层后水相和有机相的稳定。

异丙醇：去除 CTAB（易溶于异丙醇），沉降 DNA。

乙醇：沉降和分离 DNA，去除多余的杂质。

编者：昆明医科大学　陆　露

第三部分　综合性实验

药材质量标准的制定

【实验目的】

1. 掌握药材质量标准的主要内容。
2. 熟悉药材质量标准制定的程序及内容。
3. 熟悉药学相关文献资料的检索方法及实验设计方法。

【仪器与用品】

根据实验设计，自行提出所需仪器与用品。

【实验材料】

代表性药材。

【实验内容】

一、质量标准主要内容[学习参考《中国药典》(2020年版)]

1. 名称　包括中文名、汉语拼音、英文名和拉丁名。
2. 来源　原药材的基源(中文名和拉丁名)、药用部位、采收季节和原产地加工。
3. 性状　药材的性状鉴别特征。除新鲜特征描述以外，还应包括完整的干药材的描述。
4. 鉴别　鉴别方法要求专属、灵敏，包括经验鉴别、显微鉴别(如对切片、粉末或表面等进行观察)、一般理化鉴别、色谱或光谱鉴别及其他方法鉴别。
5. 检查　包括杂质、水分、总灰分、重金属及有害元素、农药残留、毒性成分及其他必要的检查项目。
6. 浸出物测定　对有效成分尚不清楚和仅知有效成分类型及溶解性，或虽知有效成分但尚无含量测定方法的药材，可参照《中国药典》(2020年版)附录浸出物测定要求，结合用药习惯、药材质地和已知的化学成分、类型等选定适宜的溶剂，测定其浸出物的量，以控制药材质量。指标应根据实测数据制定，并以药材干品计算。
7. 含量测定　应建立有效成分含量测定项目，操作步骤描述准确，术语和计量单位规范。指标应根据实测数据制定，并以药材干品计算。
8. 炮制　根据用药需要选择炮制方法，制定合理的加工炮制工艺，明确辅料用量和炮制品的质量要求。
9. 性味与归经　根据药材研究结果制定。
10. 功能与主治　根据药材研究结果制定。
11. 用法与用量　根据药材研究结果制定。
12. 注意　根据药材研究结果制定。
13. 储藏　根据药材研究结果制定。

二、起草说明

起草说明用于说明制定质量标准中各个项目的理由，以及规定各项目指标的依据、技术条件和注意事项等，既要有理由解释，又要有实验数据和实践工作的总结，具体要求如下。

1. 名称、汉语拼音、英文名、药材拉丁名 阐明确定该名称的理由与依据。

2. 来源

（1）有关该药材的原植（动、矿）物鉴定详细资料，以及原植（动、矿）物的形态描述、生态环境、生长特性、产地及分布。引种或野生变家养的动、植物药材，应有与动物、原植物对比的资料。

（2）确定该药用部位的理由及实验研究资料。

（3）确定该药材最佳采收季节及产地加工方法的研究资料。

3. 性状 说明性状描述的依据，该药材标本的来源及性状描述中其他需要说明的问题。同一生药名称有多种来源且性状有明显区别的，应分别描述；先重点描述一种，其余品种仅描述其区别。

4. 鉴别 应说明选用各项鉴别的依据并提供全部实验研究资料，包括显微鉴别组织、粉末易察见的特征及其墨线图或显微照片（注明放大倍数）、理化鉴别的依据和试验结果、色谱或光谱鉴别试验可选择的条件和图谱（原图复印件）及薄层色谱的彩色照片或彩色扫描图。色谱鉴别用的对照品及对照药材应符合“中药新药质量标准用对照品研究的技术要求”。

显微鉴别：选取有代表性的药材（粗、细、老、嫩，从上到下各个部位都要取到）制备纵切片、横切片、表面片、粉末制片，进行全面观察，综合分析，然后选取横切片或粉末（或二者兼取）的组织构造或鉴别特征。

理化鉴别：对明确有效成分或主要化学成分的生药，可通过实验制定出针对有效成分或主要化学成分的鉴别方法；对化学成分尚不明确的生药，则需先进行化学成分的系统预实验，必要时进行成分的提取、分离、鉴定，根据预实验和分离鉴定结果，拟定理化鉴别方法。

5. 检查 说明各检查项目的理由及其试验数据，阐明确定该检查项目限度指标的意义及依据，重金属、砷盐、农药残留的考察结果及是否列入质量标准的理由。

6. 浸出物测定 说明溶剂选择依据及测定方法研究的试验资料，以及确定该浸出物限量指标的依据（至少应有 10 批样品 20 个数据）。

7. 含量测定 根据样品的特点和有关化学成分的性质，选择相应的测定方法。应阐明含量测定方法的原理；确定该测定方法的方法学考察资料和相关图谱（包括测定方法的线性关系、精密度、重现性、稳定性试验及回收率试验等）；阐明确定该含量限度的意义及依据（至少应有 10 批样品 20 个数据）。含量测定用的对照品及对照药材应符合“中药新药质量标准用对照品研究的技术要求”。其他经过实验而未选用的含量测定方法也应提供其全部实验资料。

8. 炮制 说明炮制药材的目的及炮制工艺制订的依据。

9. 性味与归经、功能与主治 应符合“新药（中药材）申报资料项目”有关临床资料的要求。

作业

选取你家乡的一种药材，查阅文献，设计实验，并完成部分实验。根据实验数据与结果，按照标准格式要求，模拟制订质量标准和起草说明。

思考

通过模拟制订质量标准，药材质量标准的制订应注意哪些问题？

编者：昆明医科大学　胡炜彦

第四部分　药用植物学与生药学习题集

绪　　论

一、选择题

A 型题（最佳选择题）

1. 我国已知最早的药学专著是（　　）。
A.《神农本草经》　B.《证类本草》
C.《唐本草》　D.《图经本草》
E.《本草纲目》
参考答案：A
答案解析：《神农本草经》是我国已知最早的药学专著；《证类本草》是我国现存最早且最完整的本草著作；《唐本草》被认为是我国第一部药典，也是世界第一部药典，首次采用图文并茂的编撰形式。

2. 被认为是我国第一部药典，也是世界第一部药典的是（　　）。
A.《神农本草经》　B.《证类本草》
C.《唐本草》　D.《图经本草》
E.《本草纲目》
参考答案：C
答案解析：同 1. 题。

3. 首次出现图文并茂形式编撰药物的本草著作是（　　）。
A.《神农本草经》　B.《证类本草》
C.《唐本草》　D.《图经本草》
E.《本草纲目》
参考答案：C
答案解析：同 1. 题。

4. 我国现存最早且最完整的本草著作是（　　）。
A.《神农本草经》　B.《证类本草》
C.《唐本草》　D.《图经本草》
E.《本草纲目》
参考答案：B
答案解析：同 1. 题。

5. 我国现存最早且最完整的地方性本草著作是（　　）。
A.《本草纲目拾遗》　B.《晶珠本草》
C.《救荒本草》　D.《滇南本草》
E.《嘉祐本草》
参考答案：D
答案解析：我国现存最早且最完整的地方性本草著作为《滇南本草》。

6. 记载藏药最多，被誉为藏族的“本草纲目”的是（　　）。
A.《本草纲目拾遗》　B.《晶珠本草》
C.《救荒本草》　D.《滇南本草》
E.《嘉祐本草》
参考答案：B
答案解析：记载藏药最多，被誉为藏族的“本草纲目”的是《晶珠本草》。

7.《神农本草经》载药（　　）。
A. 365 种　B. 730 种　C. 844 种
D. 983 种　E. 1892 种
参考答案：A
答案解析：略。

8.《本草纲目》载药（　　）。
A. 365 种　B. 730 种　C. 844 种
D. 983 种　E. 1892 种
参考答案：E
答案解析：略。

9.《本草纲目》的作者是（　　）。
A. 陶景弘　B. 苏颂　C. 李时珍
D. 唐慎微　E. 兰茂
参考答案：C
答案解析：略。

10.《证类本草》的作者是（　　）。
A. 陶景弘　B. 苏颂　C. 李时珍
D. 唐慎微　E. 兰茂
参考答案：D
答案解析：略。

11.《滇南本草》的作者是（　　）。
A. 陶景弘　B. 苏颂　C. 李时珍
D. 唐慎微　E. 兰茂

参考答案：E
答案解析：略。
12. “本草”的含义是（　　）。
A. 中药学　B. 草药学　C. 生药学
D. 植物学　E. 以草类治病为本
参考答案：E
答案解析：古代蜀人韩保升“按药有玉石、草木、虫兽，而直云本草者，为诸药中草类最多也”有以草类治病为本之意，故历代将这些药物统称为“本草”。
13.《本草纲目》成书于（　　）。
A. 东汉末年　B. 唐代　C. 宋代
D. 明代　E. 清代
参考答案：D
答案解析：略。
14.《新修本草》成书于（　　）。
A. 东汉末年　B. 唐代　C. 宋代
D. 明代　E. 清代
参考答案：B
答案解析：略。

X 型题（多项选择题）

1. 关于《神农本草经》的描述，正确的是（　　）。
A. 成书于东汉末年　B. 作者张仲景
C. 分上、中、下三品　D. 载药 365 种
E. 是已知我国最早的药物著作
参考答案：ACDE
答案解析：作者不详。
2. 生药有生货原药之意，包括一切来源于天然的（　　）。
A. 中药　B. 草药　C. 民族药
D. 化学药　E. 生物制品
参考答案：ABC
答案解析：化学药与生物制品不属于生药范畴。
3. 中药包括（　　）。
A. 中成药　B. 中药材　C. 饮片
D. 中药汤剂　E. 民间药
参考答案：ABCD
答案解析：中药指中医药理论指导下使用的药物，包括中药材、饮片、中药汤剂及中成药。民间药在民间应用，没有明确的理论体系指导。
4. 民族药是指在少数民族的医药理论指导下使用的药物，包括（　　）。
A. 蒙药　B. 藏药　C. 维药
D. 傣药　E. 关药
参考答案：ABCD
答案解析：关药指东北地区所产的优质药材。

二、问答题

1. 试阐述药用植物学与生药学的研究内容及任务。
参考答案：
主要从以下几点进行阐述：①正本清源，准确识别、鉴定药用植物与生药；②开源节流，调查、考证药用植物、生药资源，合理利用与保护；③根据亲缘关系与新技术，寻找并扩大新药源；④评价生药的品质，制定其质量标准；⑤为中药材生产规范化服务。
2. 简述中药与生药的区别。
参考答案：
生药指来源于天然的、未经加工的或只经简单加工的中药、草药、民族药及制作化学药物的原料药材，包括植物药、动物药和矿物药，兼有生货原药之意。中药指在中医药理论和临床经验指导下使用的药物，包括中药材、饮片、中药汤剂和中成药。从两者的概念而言，生药中涵盖的“中药”是指中药材，也即中药材为狭义的生药。而中药中的饮片、中药汤剂和中成药则不属于生药的范畴。

药用植物学基础知识

一、选择题

A 型题（最佳选择题）

1. 光学显微镜下能观察到的结构称为（　　）。
A. 显微结构　B. 亚显微结构
C. 超微结构　D. 细微结构
E. 初生结构
参考答案：A
答案解析：光学显微镜下能观察到的结构称为显微结构，电子显微镜下能观察到的结构称为亚显微结构或超微结构。

2. 下列不属于原生质体的是（　　）。
A. 线粒体　B. 细胞核　C. 质体
D. 晶体　E. 高尔基体
参考答案：D
答案解析：晶体为植物细胞后含物。

3. 细胞生命活动的控制中心是（　　）。
A. 细胞质　B. 细胞核　C. 液泡
D. 线粒体　E. 质体
参考答案：B
答案解析：细胞核是细胞生命活动的控制中心，遗传信息的载体 DNA 在核内储藏、复制和转录，从而控制细胞的生长、发育和繁殖。

4. 下列属于白色体的是（　　）。
A. 线粒体　B. 有色体　C. 叶绿体
D. 造粉体　E. 溶酶体
参考答案：D
答案解析：白色体与营养物质的积累和储藏有关，包括造粉体、造油体、造蛋白质体等。

5. 一般不含叶绿体的器官是（　　）。
A. 花　B. 果实　C. 根
D. 茎　E. 叶
参考答案：C
答案解析：植物幼嫩的茎、叶、花萼、幼果一般都含有叶绿体，而根一般不含叶绿体。

6. 钟乳体即为植物细胞中的（　　）。
A. 碳酸钙结晶　B. 草酸钙结晶
C. 硫酸钙结晶　D. 芸香苷结晶
E. 橙皮苷结晶
参考答案：A
答案解析：碳酸钙结晶通常呈钟乳状，又称钟乳体。

7. 穿过初生壁纹孔区域小孔的原生质丝，称为（　　）。
A. 染色质丝　B. 细胞质丝
C. 胞间连丝　D. 纤丝
E. 微丝
参考答案：C
答案解析：略

8. 蛋白质多分布于植物的（　　）。
A. 根中　B. 茎中　C. 叶中
D. 果实中　E. 种子中
参考答案：E
答案解析：蛋白质多分布于种子的胚乳和子叶细胞中。

9. 遇 α-萘酚-浓硫酸溶液显紫红色而溶解的是（　　）。
A. 菊糖　B. 淀粉　C. 蛋白质
D. 脂肪　E. 脂肪油
参考答案：A
答案解析：菊糖遇 α-萘酚-浓硫酸溶液显紫红色而溶解；淀粉遇稀碘液显蓝紫色；蛋白质遇碘液呈暗黄色，遇硫酸铜加苛性碱显紫红色；脂肪与脂肪油遇苏丹Ⅲ溶液显红色，遇锇酸呈黑色。

10. 居间分生组织从来源上来看，属于（　　）。
A. 原生分生组织　B. 初生分生组织
C. 次生分生组织　D. 顶端分生组织
E. 侧生分生组织
参考答案：B
答案解析：顶端分生组织来源于原生分生组织或初生分生组织，居间分生组织来源于初生分生组织，侧生分生组织来源于次生分生组织。

11. 由成熟组织的薄壁细胞恢复分生能力而形成的分生组织，称为（　　）。
A. 原生分生组织　B. 初生分生组织
C. 次生分生组织　D. 顶端分生组织
E. 居间分生组织
参考答案：C
答案解析：次生分生组织由成熟组织（如表皮、皮层、髓射线等）的薄壁细胞经过生理上和结构上的变化，重新恢复分生能力形成。

12. 单子叶植物的根、茎一般不能增粗，是因为其没有（　　）。
A. 原生分生组织　B. 初生分生组织
C. 侧生分生组织　D. 顶端分生组织

E. 居间分生组织

参考答案：C

答案解析：侧生分生组织的作用是使根、茎增粗，并形成新的保护组织。

13. 在植物体内占很大比例，分布在植物体的许多部位，主要由起代谢活动和营养作用的细胞所组成，该种组织是（　　）。

A. 分生组织　　B. 薄壁组织

C. 机械组织　　D. 分泌组织

E. 保护组织

参考答案：B

答案解析：略。

14. 下列既属于保护组织，又属于分泌组织的是（　　）。

A. 腺毛　　B. 非腺毛　　C. 排水器

D. 蜜腺　　E. 分泌细胞

参考答案：A

答案解析：腺毛为表皮细胞特化向外的凸出物，具保护、分泌、减少水分蒸发作用。

15. 下列成熟细胞为活细胞的是（　　）。

A. 管胞细胞　　B. 导管细胞

C. 纤维细胞　　D. 石细胞

E. 厚角细胞

参考答案：E

答案解析：管胞、导管、纤维、石细胞成熟后为死细胞。

16. 厚角组织多位于植物体幼嫩器官的（　　）。

A. 周皮中　　B. 皮层中

C. 表皮下方　　D. 韧皮部中

E. 木质部中

参考答案：C

答案解析：厚角组织分布于幼嫩器官的外围，直接在表皮下方或与表皮只隔几层薄壁细胞，在具肋状突起处明显，如叶柄、茎、叶片的叶脉、花柄等部位，根中一般不存在。

17. 细胞壁为不均匀增厚的初生壁的是（　　）。

A. 薄壁细胞　　B. 厚角细胞

C. 厚壁细胞　　D. 导管细胞

E. 管胞细胞

参考答案：B

答案解析：薄壁细胞细胞壁无增厚，厚壁细胞、管胞细胞、导管细胞的细胞壁为次生增厚。

18. 纤维的细胞腔中有菲薄的横隔膜，称为（　　）。

A. 嵌晶纤维　　B. 晶鞘纤维

C. 韧皮纤维　　D. 分隔纤维

E. 晶纤维

参考答案：D

答案解析：嵌晶纤维指纤维的次生壁外层密嵌细小的草酸钙晶体；晶鞘纤维（晶纤维）指一束由纤维外侧包围着许多含草酸钙晶体的薄壁细胞所组成的复合体；韧皮纤维指分布于韧皮部的纤维。

19. 木栓形成层的活动结果是（　　）。

A. 产生周皮　　B. 植物体持续伸长

C. 植物体迅速伸长　　D. 产生异常构造

E. 产生次生维管柱

参考答案：A

答案解析：木栓形成层活动向外产生木栓层，向内产生栓内层，木栓层、木栓形成层、栓内层一起构成周皮。

20. 茎的栓内层细胞常含有叶绿体，又称为（　　）。

A. 落皮层　　B. 初生皮层

C. 次生皮层　　D. 复表皮

E. 绿皮层

参考答案：E

答案解析：落皮层为剥落的老周皮，初生皮层即为初生构造中的皮层，次生皮层指根的发达的栓内层，绿皮层为茎的含叶绿体的栓内层。

21. 下列细胞成熟后为无核的生活细胞的是（　　）。

A. 筛管细胞　　B. 导管细胞　　C. 伴胞细胞

D. 木纤维细胞　　E. 韧皮纤维细胞

参考答案：A

答案解析：选项中的生活细胞为筛管和伴胞，伴胞有细胞核。

22. 下列为被子植物特有的结构是（　　）。

A. 伴胞　　B. 导管　　C. 管胞

D. 薄壁细胞　　E. 筛胞

参考答案：A

答案解析：一些高等的裸子植物中已进化形成导管，如麻黄。

23. 蕨类植物和绝大多数裸子植物输送水分和无机盐的结构是（　　）。

A. 筛管　　B. 导管　　C. 管胞

D. 伴胞　　E. 筛胞

参考答案：C

答案解析：筛管、伴胞、筛胞为输送同化物的输导结构，导管主要存在于被子植物体内。

24. 筛管存在于植物的（　　）。

A. 皮层　　B. 韧皮部　　C. 木质部

D. 周皮　　E. 髓部

参考答案：B

答案解析：筛管、伴胞、筛胞存在于韧皮部，导管、管胞存在于木质部。

25. 纤维的次生壁的外层密嵌细小的草酸钙晶体，称为（　　）。
A. 嵌晶纤维　　B. 晶鞘纤维
C. 韧皮纤维　　D. 分隔纤维
E. 晶纤维
参考答案：A
答案解析：分隔纤维指纤维的细胞腔中有菲薄的横隔膜；晶鞘纤维（晶纤维）指一束由纤维外侧包围着许多含草酸钙晶体的薄壁细胞所组成的复合体；韧皮纤维指分布于韧皮部的纤维。

26. 根的细胞中一般不含（　　）。
A. 细胞核　B. 细胞壁　C. 叶绿体
D. 白色体　E. 高尔基体
参考答案：C
答案解析：略。

27. 药材白芷是由（　　）膨大而成。
A. 侧根　B. 主根　C. 不定根
D. 气生根　E. 须根
参考答案：B
答案解析：白芷是由主根膨大而来的肉质直根。

28. 通常无根毛的是（　　）。
A. 水生植物　　B. 陆生植物
C. 阴生植物　　D. 旱生植物
E. 攀缘植物
参考答案：A
答案解析：水生植物的根通常无根毛。

29. 凯氏带存在于根的（　　）。
A. 表皮　B. 外皮层　C. 中皮层
D. 内皮层　E. 髓部
参考答案：D
答案解析：内皮层细胞常木质化或木栓化增厚，在内皮层细胞的径向壁和上下壁上形成一条带状结构，环绕成一圈，称为凯氏带。

30. 根的初生维管束类型为（　　）。
A. 辐射型　B. 外韧型　C. 外木型
D. 周韧型　E. 周木型
参考答案：A
答案解析：根的初生木质部与初生韧皮部相间排列，形成辐射型维管束。

31. 根的初生木质部的分化方式是（　　）。
A. 内始式　B. 外始式　C. 辐射式
D. 平行式　E. 星芒式
参考答案：B
答案解析：根的初生木质部与初生韧皮部的发育方式均为外始式。

32. 侧根起源于（　　）。
A. 外皮层　B. 内皮层　C. 中柱鞘
D. 髓部　E. 皮层薄壁组织
参考答案：C
答案解析：略。

33. 根的木栓形成层最初起源于（　　）。
A. 外皮层　B. 内皮层　C. 中柱鞘
D. 表皮　E. 皮层薄壁组织
参考答案：C
答案解析：略。

34. 有些植物根的内皮层的部分细胞的细胞壁不增厚，称为（　　）。
A. 运动细胞　　B. 薄壁细胞
C. 保卫细胞　　D. 通道细胞
E. 副卫细胞
参考答案：D
答案解析：通道细胞的概念。

35. 一些单子叶植物根的表皮分化为多层细胞，且细胞壁木栓化，形成（　　）。
A. 次生表皮　　B. 复表皮
C. 次生皮层　　D. 类周皮
E. 根被
参考答案：E
答案解析：根被的概念。

36. 木本双子叶植物茎的初生构造中维管束为（　　）。
A. 无限外韧型　　B. 有限外韧型
C. 辐射性　　D. 周韧型
E. 周木型
参考答案：A
答案解析：双子叶植物茎的初生维管束为无限外韧型。

37. 人参的芦头为（　　）。
A. 块茎　B. 根茎　C. 球茎
D. 鳞茎　E. 不定根
参考答案：B
答案解析：略。

38. 大黄根茎的“星点”存在于（　　）。
A. 韧皮部　B. 木质部　C. 皮层
D. 髓部　E. 周皮
参考答案：D
答案解析：大黄的“星点”为存在于根状茎的髓部的异常维管束。

39. 山药的零余子又称为“山药豆”，是（　　）。
A. 叶状茎　B. 小鳞茎　C. 小块茎
D. 根状茎　E. 球茎
参考答案：C

答案解析：山药的零余子属于地上茎变态中的小块茎。

40. 多数植物的茎的木栓形成层最初起源于（　　）。

A. 表皮　B. 外皮层　C. 皮层薄壁组织
D. 内皮层　E. 初生韧皮部

参考答案：C

答案解析：根的木栓形成层最初起源于中柱鞘，茎的木栓形成层最初起源于皮层薄壁组织。

41. 茎的束间形成层发生于（　　）。

A. 髓射线细胞　B. 表皮细胞
C. 皮层细胞　D. 栓内层细胞
E. 初生韧皮部细胞

参考答案：A

答案解析：略。

42. 多数单子叶植物的脉序为（　　）。

A. 羽状网脉　B. 三出网脉
C. 二叉脉序　D. 假二叉脉序
E. 平行脉序

参考答案：E

答案解析：双子叶植物多为网状脉序，单子叶植物多为平行脉序，蕨类植物、裸子植物多为二叉脉序。

43. 下列为肉质叶的是（　　）。

A. 仙人掌　B. 芦荟　C. 薄荷
D. 山茶　E. 麻黄

参考答案：B

答案解析：仙人掌为叶刺，芦荟为肉质叶，薄荷为草质叶，山茶为革质叶，麻黄为膜质叶。

44. 夹竹桃的叶序是（　　）。

A. 对生　B. 互生　C. 轮生
D. 簇生　E. 基生

参考答案：C

答案解析：夹竹桃的每个节上有 3 片叶，为轮生。

45. 《中国药典》中半夏的药用原植物的复叶类型是（　　）。

A. 三出复叶　B. 掌状复叶
C. 奇数羽状复叶　D. 单身复叶
E. 偶数羽状复叶

参考答案：A

答案解析：半夏为天南星科植物半夏的干燥块茎，第一年为单叶，第二年后为三出复叶。

46. 半夏、马蹄莲等天南星科植物花序外面常有一大型的（　　）。

A. 托叶　B. 苞片　C. 叶卷须
D. 叶刺　E. 鳞叶

参考答案：B

答案解析：肉穗花序外常有一大型苞片，称为佛焰苞。

47. 禾本科植物的叶失水时卷曲成筒状是因为上表皮有（　　）。

A. 蜡被　B. 毛茸　C. 传递细胞
D. 运动细胞　E. 气孔

参考答案：D

答案解析：禾本科植物在上表皮中有一些特殊大型的薄壁细胞，称泡状细胞，这类细胞具有大型液泡，干旱时由于这些细胞失水收缩，使叶子卷曲成筒，这类细胞也称运动细胞。

48. 真正意义上的花是来自哪一类群（　　）。

A. 孢子植物　B. 种子植物
C. 裸子植物　D. 被子植物
E. 蕨类植物

参考答案：D

答案解析：被子植物门植物具有真正的花。

49. 心皮是构成雌蕊的（　　）。

A. 变态根　B. 变态茎　C. 变态叶
D. 变态短枝　E. 小孢子叶

参考答案：C

答案解析：略。

50. 有的植物的花托顶部成扁平或垫状结构，称为（　　）。

A. 花盘　B. 蜜腺　C. 花托柄
D. 托盘　E. 雌蕊柄

参考答案：A

答案解析：花盘的概念。

51. 菊科植物的冠毛由哪一结构变态而来（　　）。

A. 花柄　B. 花托　C. 花萼
D. 花冠　E. 花被

参考答案：C

答案解析：菊科植物的花萼退化成冠毛状、鳞片状、刺状或缺如。

52. 下列为离瓣花的是（　　）。

A. 蝶形花冠　B. 管状花冠
C. 唇形花冠　D. 舌状花冠
E. 漏斗状花冠

参考答案：A

答案解析：管状花冠、唇形花冠、舌状花冠及漏斗状花冠均为合瓣花。

53. 花被各片边缘彼此覆盖，但有一片完全在内，一片完全在外，这样的花被卷叠式称为（　　）。

A. 内向镊合状　B. 外向镊合状
C. 覆瓦状　D. 重覆瓦状
E. 旋转状

参考答案：C
答案解析：镊合状为花被各片边缘彼此接触而不覆盖；旋转状为花被各片边缘依次相互覆盖成回旋状，每片一边在内，一边在外；覆瓦状为花被各片边缘彼此覆盖，但有一片完全在外，一片完全在内；重覆瓦状与覆瓦状相似，但两片完全在外，两片完全在内。
54. 合生心皮雌蕊，子房多室的胎座类型可能是（　　）。
A. 边缘胎座　B. 侧膜胎座
C. 特立中央胎座　D. 中轴胎座
E. 基生胎座
参考答案：D
答案解析：在常见的 6 种胎座类型中，仅有中轴胎座如题干所述。
55. 若花托下陷不与子房愈合，花的其他部分着生于花托的边缘，称为（　　）。
A. 下位子房　B. 半下位子房
C. 上位花　D. 下位花
E. 周位花
参考答案：E
答案解析：花托不与子房愈合为上位子房，上位子房的花托扁平或凸起为下位花，花托下陷为周位花。
56. 菊科植物的花序类型为（　　）。
A. 头状花序　B. 总状花序
C. 肉穗花序　D. 隐头花序
E. 柔荑花序
参考答案：A
答案解析：菊科植物的花序类型为头状花序。
57. 天南星科植物的花序类型为（　　）。
A. 头状花序　B. 总状花序
C. 肉穗花序　D. 隐头花序
E. 柔荑花序
参考答案：C
答案解析：天南星科植物为肉穗花序。
58. 唇形科植物的花序类型为（　　）。
A. 轮伞花序　B. 总状花序
C. 肉穗花序　D. 隐头花序
E. 柔荑花序
参考答案：A
答案解析：唇形科植物为轮伞花序。
59. 具有柔荑花序的植物是（　　）。
A. 油菜　B. 车前　C. 天南星
D. 山楂　E. 杨柳
参考答案：E
答案解析：油菜为总状花序，车前为穗状花序，天南星为肉穗花序，山楂为伞房花序，杨柳为柔荑花序。
60. 被子植物成熟胚囊的细胞数为（　　）。
A. 10 个　B. 8 个　C. 6 个
D. 4 个　E. 2 个
参考答案：B
答案解析：被子植物成熟胚囊由 8 个细胞组成，分别为 1 个卵细胞、2 个助细胞、2 个极核细胞和 3 个反足细胞。
61. 双受精是下列哪一类群的植物特有的现象（　　）。
A. 被子植物　B. 裸子植物
C. 种子植物　D. 蕨类植物
E. 孢子植物
参考答案：A
答案解析：双受精为被子植物所特有的现象。
62. 珠孔、珠心、合点与珠柄在一条直线上的胚珠为（　　）。
A. 直生胚珠　B. 弯生胚珠
C. 横生胚珠　D. 倒生胚珠
E. 侧生胚珠
参考答案：A
答案解析：考察对各类胚珠概念的理解。
63. 外果皮、中果皮、内果皮界线清晰，较易区分的是（　　）。
A. 浆果　B. 核果　C. 梨果
D. 柑果　E. 瓠果
参考答案：B
答案解析：浆果的中果皮与内果皮不易区分，梨果的萼筒与外果皮、中果皮界线不清，柑果的外果皮与中果皮界线不清，瓠果的中果皮、内果皮与胎座界线不清。
64. 芸香科植物特有的果实类型是（　　）。
A. 浆果　B. 核果　C. 梨果
D. 柑果　E. 瓠果
参考答案：D
答案解析：柑果为芸香科植物特有的果实类型，瓠果为葫芦科植物特有的果实类型。
65. 葡萄、番茄、枸杞子属于（　　）。
A. 浆果　B. 核果　C. 梨果
D. 柑果　E. 瓠果
参考答案：A
答案解析：浆果的理解应用。
66. 由 5 心皮的下位子房连同花托和萼筒发育而成的果实类型是（　　）。
A. 浆果　B. 核果　C. 梨果
D. 柑果　E. 瓠果

参考答案：C
答案解析：梨果概念。
67. 具假隔膜的果实类型是（　　）。
A. 荚果　　B. 角果　　C. 蓇葖果
D. 蒴果　　E. 瘦果
参考答案：B
答案解析：角果的概念及应用。
68. 青葙的果实为（　　）。
A. 翅果　　B. 胞果　　C. 瘦果
D. 颖果　　E. 坚果
参考答案：B
答案解析：胞果的应用。
69. 菊科植物的果实类型为（　　）。
A. 坚果　　B. 瘦果　　C. 浆果
D. 蓇葖果　　E. 核果
参考答案：B
答案解析：菊科植物的果实为瘦果。
70. 无花果的肉质部分是（　　）。
A. 花托　　B. 花柄　　C. 花盘
D. 花序轴　　E. 果皮
参考答案：D
答案解析：无花果为聚花果，其肉质部分为其膨大下凹的花序轴。
71. 常由总苞形成的壳斗包围的果实是（　　）。
A. 坚果　　B. 瘦果　　C. 浆果
D. 蓇葖果　　E. 核果
参考答案：A
答案解析：坚果的特点。
72. 下列为聚合蓇葖果的果实是（　　）。
A. 八角茴香　　B. 悬钩子　　C. 莲蓬
D. 五味子　　E. 草莓
参考答案：A
答案解析：八角茴香为聚合蓇葖果，莲蓬为聚合坚果，五味子为聚合浆果，悬钩子为聚合核果，草莓为聚合瘦果。
73. 无胚乳种子通常具有发达的（　　）。
A. 胚根　　B. 胚轴　　C. 胚芽
D. 子叶　　E. 种皮
参考答案：D
答案解析：无胚乳种子通常具有发达的子叶。
74. 种皮上维管束的汇合点称为（　　）。
A. 种脐　　B. 种脊　　C. 合点
D. 种孔　　E. 种阜
参考答案：C
答案解析：略。
75. 受精卵发育形成种子的（　　）。
A. 种皮　　B. 胚乳　　C. 胚
D. 胚芽　　E. 胚轴
参考答案：C
答案解析：略。
76. 植物分类的基本单位是（　　）。
A. 纲　B. 科　C. 属　D. 种　E. 目
参考答案：D
答案解析：略。
77. 植物分类单位用拉丁词表示，科的词尾一般为（　　）。
A. –phyta　　B. –aceae　　C. -opsida
D. –ales　　E. -ophyta
参考答案：B
答案解析：略。

B 型题（配伍选择题）

[1～5]
A. 单粒淀粉　　B. 复粒淀粉
C. 半复粒淀粉　　D. 支链淀粉
E. 直链淀粉
1. 淀粉粒遇稀碘液显蓝紫色，这是因为含有（　　）。
2. 淀粉粒遇稀碘液显紫红色，这是因为含有（　　）。
3. 一个淀粉粒只具有一个脐点，称为（　　）。
4. 一个淀粉粒具有 2 个或多个脐点，每个脐点除有各自的层纹外，在外面另被有共同的层纹，称为（　　）。
5. 一个淀粉粒具有 2 个或多个脐点，每个脐点有各自的层纹，称为（　　）。
参考答案：1. E　2. D　3. A　4. C　5. B
答案解析：淀粉粒的类型与检验。
[6～10]
A. 方晶　　B. 针晶　　C. 簇晶
D. 砂晶　　E. 柱晶
6. 大黄、人参含有（　　）。
7. 射干、淫羊藿含有（　　）。
8. 甘草、黄柏含有（　　）。
9. 麻黄、牛膝含有（　　）。
10. 半夏、天麻含有（　　）。
参考答案：6. C　7. E　8. A　9. D　10. B
答案解析：不同的生药，所含晶体类型不同，晶体的形态和类型是生药显微鉴定的一个重要特征。
[11～15]
A. 平轴式气孔　　B. 直轴式气孔
C. 环式气孔　　D. 不定式气孔
E. 不等式气孔
11. 气孔周围的副卫细胞为 3～4 个，但大小不等，其中一个特别小，如菘蓝具有该种（　　）。

12. 气孔周围的副卫细胞为 2 个，其长轴与气孔长轴相平行，如番泻叶具有该种（　　）。
13. 气孔周围的副卫细胞数目在 3 个以上，其大小基本相同，如洋地黄有该种（　　）。
14. 气孔周围的副卫细胞为 2 个，其长轴与气孔长轴相垂直，如薄荷具有该种（　　）。
15. 气孔周围的副卫细胞数目不定，其形状较其他表皮细胞狭窄，围绕气孔排列成环状，如茶叶具有该种（　　）。

参考答案：11. E　12. A　13. D　14. B　15. C

答案解析：双子叶植物常见的气孔轴式及其概念。

[16～20]

A. 晶纤维　B. 嵌晶纤维　C. 分隔纤维
D. 畸形石细胞　E. 厚角组织

16. 姜的根茎中具有（　　）。
17. 麻黄的茎中具有（　　）。
18. 厚朴的树皮中具有（　　）。
19. 甘草的根中具有（　　）。
20. 益母草的茎中具有（　　）。

参考答案：16. C　17. B　18. D　19. A　20. E

答案解析：不同的生药中存在的机械组织类型不同，机械组织是生药鉴定的要点。

[21～25]

A. 分泌细胞　B. 油室　C. 油管
D. 树脂道　E. 乳汁管

21. 当归的根中具有（　　）。
22. 小茴香的果实中具有（　　）。
23. 人参的根中具有（　　）。
24. 桑的叶中具有（　　）。
25. 肉桂的树皮中具有（　　）。

参考答案：21. B　22. C　23. D　24. E　25. A

答案解析：不同生药中所含的分泌组织的类型不同。

[26～30]

A. 肉质直根　B. 块根　C. 支持根
D. 寄生根　E. 呼吸根

26. 桔梗具有（　　）。
27. 菟丝子具有（　　）。
28. 薏苡具有（　　）。
29. 水松具有（　　）。
30. 百部具有（　　）。

参考答案：26. A　27. D　28. C　29. E　30. B

答案解析：植物根的变态类型和代表药用植物。

[31～39]

A. 黄连　B. 天麻　C. 百合　D. 栝楼
E. 仙人掌　F. 菝葜　G. 皂角

31. 具有块茎的是（　　）。
32. 具有叶卷须的是（　　）。
33. 具有叶刺的是（　　）。
34. 具有鳞茎的是（　　）。
35. 具有叶状茎的是（　　）。
36. 具有鳞叶的是（　　）。
37. 具有根状茎的是（　　）。
38. 具有茎卷须的是（　　）。
39. 具有枝刺的是（　　）。

参考答案：31. B　32. F　33. E　34. C　35. E　36. C　37. A　38. D　39. G

答案解析：植物茎、叶的变态类型和代表药用植物。

[40～44]

A. 直出平行脉　B. 网状脉　C. 二叉脉
D. 辐射脉　E. 横出平行脉

40. 银杏具有（　　）。
41. 芭蕉具有（　　）。
42. 麦冬具有（　　）。
43. 天南星具有（　　）。
44. 棕榈具有（　　）。

参考答案：40. C　41. E　42. A　43. B　44. D

答案解析：植物的脉序类型及其代表药用植物。

[45～49]

A. 花萼　B. 花托　C. 花粉粒
D. 花柱　E. 柱头　F. 花丝

45. 番红花的药用部位是（　　）。
46. 玉米须的药用部位是（　　）。
47. 柿蒂的药用部位是（　　）。
48. 蒲黄的药用部位是（　　）。
49. 莲蓬的药用部位是（　　）。

参考答案：45. E　46. D　47. A　48. C　49. B

答案解析：不同的花类药的药用部位不同。

[50～54]

A. 单体雄蕊　B. 二体雄蕊　C. 二强雄蕊
D. 四强雄蕊　E. 聚药雄蕊

50. 十字花科植物的雄蕊类型是（　　）。
51. 唇形科植物的雄蕊类型是（　　）。
52. 锦葵科植物的雄蕊类型是（　　）。
53. 菊科植物的雄蕊类型是（　　）。
54. 豆科植物的雄蕊类型是（　　）。

参考答案：50. D　51. C　52. A　53. E　54. B

答案解析：不同科的植物，雄蕊的类型不同。

[55～60]

A. 荚果　B. 角果　C. 坚果
D. 双悬果　E. 瓠果　F. 颖果

55. 十字花科的果实类型是（　　）。
56. 葫芦科的果实类型是（　　）。

57. 豆科的果实类型是（　　）。
58. 唇形科的果实类型是（　　）。
59. 禾本科的果实类型是（　　）。
60. 伞形科的果实类型是（　　）。
参考答案：55. B　56. E　57. A　58. C　59. F　60. D
答案解析：不同科的植物，果实的类型不同。

X 型题（多项选择题）

1. 植物细胞区别于动物细胞的三大结构特征是（　　）。
A. 细胞壁　B. 细胞核　C. 质体
D. 液泡　E. 线粒体
参考答案：ACD
答案解析：植物细胞具有而动物细胞没有的三大结构是细胞壁、质体、液泡。
2. 质体依据所含色素和功能的不同，可分为（　　）。
A. 线粒体　B. 有色体　C. 叶绿体
D. 白色体　E. 溶酶体
参考答案：BCD
答案解析：考察质体的分类，线粒体和溶酶体不属于质体。
3. 菊糖多存在于哪些植物的根中（　　）。
A. 菊科　B. 桔梗科　C. 龙胆科
D. 兰科　E. 马兜铃科
参考答案：ABC
答案解析：考察菊糖的分布。
4. 碳酸钙晶体多存在于下列哪些科植物体内（　　）。
A. 蓼科　B. 五加科　C. 爵床科
D. 桑科　E. 荨麻科
参考答案：CDE
答案解析：五加科与蓼科多含草酸钙簇晶。
5. 属于植物细胞后含物的有（　　）。
A. 淀粉　B. 结晶　C. 蛋白质
D. 脂肪　E. 菊糖
参考答案：ABCDE
答案解析：植物细胞后含物涵盖的类型。
6. 下列细胞，具有次生壁的是（　　）。
A. 薄壁细胞　B. 厚角细胞
C. 石细胞　D. 纤维细胞
E. 导管细胞
参考答案：CDE
答案解析：薄壁细胞与厚角细胞只具有初生壁。
7. 初生壁的组成物质有（　　）。
A. 纤维素　B. 半纤维素
C. 果胶质　D. 木质素
E. 木栓质素
参考答案：ABC
答案解析：初生壁由纤维素、半纤维素和少量果胶质组成。
8. 下列属于次生分生组织的是（　　）。
A. 木栓形成层　B. 根的形成层
C. 茎的束间形成层　D. 茎的束中形成层
E. 原形成层
参考答案：ABC
答案解析：茎的束中形成层属于初生分生组织，原形成层属于原生分生组织。
9. 下列属于内部分泌组织的是（　　）。
A. 间隙腺毛　B. 树脂道　C. 油管
D. 油细胞　E. 乳汁管
参考答案：ABCDE
答案解析：一般的腺毛为外部分泌组织，而间隙腺毛属于内部分泌组织。
10. 下列属于成熟组织的是（　　）。
A. 木栓形成层　B. 非腺毛　C. 纤维
D. 导管　E. 油细胞
参考答案：BCDE
答案解析：木栓形成层为分生组织，除分生组织外的其他组织为成熟组织。
11. 被子植物韧皮部的组成主要有（　　）。
A. 筛管　B. 伴胞　C. 筛胞
D. 韧皮薄壁细胞　E. 韧皮纤维
参考答案：ABDE
答案解析：筛胞存在于蕨类植物与裸子植物的韧皮部。
12. 分生组织的特征是（　　）。
A. 细胞大
B. 细胞壁薄
C. 细胞排列紧密，无细胞间隙
D. 细胞核大
E. 细胞质浓，无明显液泡
参考答案：BCDE
答案解析：分生组织的细胞体积小。
13. 下列细胞成熟后为死细胞的是（　　）。
A. 厚角细胞　B. 筛管细胞
C. 导管细胞　D. 木栓细胞
E. 厚壁细胞
参考答案：CDE
答案解析：厚角细胞与筛管细胞成熟后仍为活细胞。
14. 蕨类植物、裸子植物的韧皮部组成主要有（　　）。
A. 筛胞　B. 筛管　C. 韧皮纤维

D. 韧皮薄壁细胞　E. 伴胞
参考答案：AD
答案解析：筛管、韧皮纤维、伴胞存在于被子植物的韧皮部。
15. 下列植物体中，具有维管束的是（　　）。
A. 海带　B. 地钱　C. 桫椤
D. 侧柏　E. 玉米
参考答案：CDE
答案解析：海带来自藻类植物，地钱来自苔藓植物，桫椤来自蕨类植物，侧柏来自裸子植物，玉米来自被子植物。蕨类植物、裸子植物与被子植物具维管束，合称维管植物。
16. 下列属于初生保护组织的是（　　）。
A. 气孔　B. 腺毛　C. 非腺毛
D. 皮孔　E. 毛茸
参考答案：ABCE
答案解析：皮孔为周皮上的通气结构，周皮为次生保护组织。
17. 自下而上输导水分和无机盐的输导组织是（　　）。
A. 导管　B. 管胞　C. 伴胞
D. 筛胞　E. 筛管
参考答案：AB
答案解析：筛管、伴胞与筛胞为自上而下输送同化物。
18. 木栓细胞的特点是（　　）。
A. 细胞壁厚　B. 无细胞间隙
C. 具原生质体　D. 不易透水透气
E. 细胞壁木栓化
参考答案：ABDE
答案解析：木栓细胞是死细胞，不具原生质体。
19. 根的中柱鞘细胞在一定时期可恢复分生能力，产生（　　）。
A. 侧根　B. 木栓形成层
C. 根的形成层的一部分　D. 不定根
E. 不定芽
参考答案：ABCDE
答案解析：根的中柱鞘细胞参与木栓形成层、维管形成层的产生，还与侧根、不定根及不定芽的形成有关。
20. 根的形成层的产生，与下列哪些结构的细胞恢复分生能力相关（　　）。
A. 中柱鞘　B. 外皮层
C. 栓内层　D. 内皮层
E. 木质部与韧皮部之间的薄壁组织
参考答案：AE
答案解析：初生木质部束外侧的中柱鞘细胞恢复分生能力，初生木质部与初生韧皮部之间的薄壁细胞恢复分生能力，两部分细胞分裂连续成环，形成层产生。
21. 根的次生构造包括（　　）。
A. 表皮　B. 皮层　C. 周皮
D. 次生韧皮部　E. 次生木质部
参考答案：CDE
答案解析：表皮与皮层为初生构造。
22. 裸子植物茎的次生构造中没有（　　）。
A. 筛胞　B. 筛管　C. 伴胞
D. 韧皮纤维　E. 木纤维
参考答案：BCDE
答案解析：裸子植物的韧皮部由筛胞、韧皮薄壁细胞构成，木质部由管胞、木薄壁细胞构成。
23. 双子叶植物草质茎的构造特点为（　　）。
A. 没有或极少有木质化组织
B. 最外层为表皮
C. 次生构造不发达
D. 髓部发达
E. 束间形成层发达
参考答案：ABCD
答案解析：双子叶植物草质茎次生构造不发达，有的种类仅有束中形成层而不具束间形成层，有的甚至没有束中形成层。
24. 单子叶植物茎的构造特点为（　　）。
A. 最外层为木栓层
B. 维管束呈散在排列
C. 一般只具有初生构造
D. 形成层明显
E. 中央髓部明显
参考答案：BC
答案解析：单子叶植物茎最外层为表皮，无明显皮层，基本组织中散生多数有限外韧维管束，中央无髓腔。
25. 下列具膜质鳞叶的是（　　）。
A. 百合　B. 贝母　C. 麻黄
D. 慈菇　E. 荸荠
参考答案：CDE
答案解析：百合与贝母的鳞叶为肉质。
26. 属于等面叶的是（　　）。
A. 番泻叶　B. 桉叶　C. 枇杷叶
D. 薄荷叶　E. 桑叶
参考答案：AB
答案解析：枇杷叶、薄荷叶、桑叶均为异面叶。
27. 双子叶植物叶的表皮细胞顶面观特点为（　　）。
A. 不规则形状　B. 侧壁波浪状

C. 彼此相互嵌合　D. 除气孔外无细胞间隙
E. 无细胞核
参考答案：ABCD
答案解析：表皮细胞为活细胞，有细胞核。

28. 下列为合瓣花的是（　　）。
A. 十字形花冠　B. 蝶形花冠
C. 唇形花冠　D. 管状花冠
E. 舌状花冠
参考答案：CDE
答案解析：十字形花冠与蝶形花冠为离瓣花。

29. 花粉成熟后，花粉囊自行开裂，花粉囊常见的开裂的方式有（　　）。
A. 纵裂　B. 横裂　C. 孔裂
D. 瓣裂　E. 全裂
参考答案：ABCD
答案解析：略。

30. 下列雄蕊类型，花丝联合花药分离的有（　　）。
A. 单体雄蕊　B. 二强雄蕊
C. 四强雄蕊　D. 二体雄蕊
E. 聚药雄蕊
参考答案：AD
答案解析：二强雄蕊与四强雄蕊花丝、花药均为分离，聚药雄蕊花丝分离、花药联合。

31. 合生心皮雌蕊，子房一室的胎座类型可能是（　　）。
A. 边缘胎座　B. 侧膜胎座
C. 特立中央胎座　D. 中轴胎座
E. 基生胎座
参考答案：BCE
答案解析：边缘胎座为单心皮雌蕊子房一室，中轴胎座为合生心皮雌蕊子房多室。

32. 属于辐射对称花的花冠类型是（　　）。
A. 十字形　B. 蝶形　C. 唇形
D. 管状　E. 钟状
参考答案：ADE
答案解析：蝶形与唇形花冠为两侧对称。

33. 蝶形花冠的组成，包括（　　）。
A. 1 枚旗瓣　B. 1 枚翼瓣
C. 1 枚龙骨瓣　D. 2 枚翼瓣
E. 2 枚龙骨瓣
参考答案：ADE
答案解析：蝶形花冠的组成。

34. 具有二强雄蕊的科是（　　）。
A. 唇形科　B. 玄参科　C. 马鞭草科
D. 五加科　E. 十字花科
参考答案：ABC
答案解析：十字花科为四强雄蕊，五加科雄蕊常 5 枚，分离。

35. 花序下常有总苞的是（　　）。
A. 总状花序　B. 头状花序
C. 肉穗花序　D. 杯状聚伞花序
E. 穗状花序
参考答案：BCD
答案解析：略。

36. 属于无限花序类的是（　　）。
A. 伞形花序　B. 伞房花序
C. 轮伞花序　D. 肉穗花序
E. 穗状花序
参考答案：ABDE
答案解析：轮伞花序为聚伞花序对生于叶腋，为有限花序类。

37. 风媒花的特征是（　　）。
A. 花小、单性　B. 无被或单被
C. 花粉粒多、细小　D. 花被鲜艳
E. 柱头面大
参考答案：ABCE
答案解析：风媒花的花被退化或不存在，花被鲜艳是虫媒花的特征，有吸引昆虫前来授粉的作用。

38. 花程式 $*K_{(5)}C_{(5)}A_{3\sim4}\underline{G}_{(3:3:\infty)}$ 可表示（　　）。
A. 整齐花　B. 不整齐花
C. 上位子房　D. 下位子房
E. 中轴胎座
参考答案：ACE
答案解析：*表示辐射对称为整齐花，$\underline{G}$ 表示子房上位，$\underline{G}_{(3:3:\infty)}$ 表示 3 心皮合生为 3 室，胚珠多数，从而可以推断为中轴胎座。

39. 由单心皮形成的胎座类型可能是（　　）。
A. 边缘胎座　B. 侧膜胎座
C. 中轴胎座　D. 基生胎座
E. 顶生胎座
参考答案：ADE
答案解析：边缘胎座由单心皮形成，基生胎座、顶生胎座可由单心皮或多心皮形成，侧膜胎座、中轴胎座由多心皮形成。

40. 下列为假果的是（　　）。
A. 桃　B. 南瓜　C. 苹果
D. 草莓　E. 桑椹
参考答案：BCDE
答案解析：桃为核果，核果为真果；南瓜为瓠果，苹果为梨果，草莓为聚花果，这三类植物的花托均参与了果实的形成，为假果；桑椹为聚花果，为假果。

41. 下列为真果的是（　　）。

A. 杏　　B. 枸杞　　C. 橙子
D. 菠萝　　E. 梨
参考答案：ABC
答案解析：杏为核果，枸杞为浆果，橙子为柑果，这三类果实为真果。菠萝为聚花果，梨为梨果，均为假果。
42. 参与形成假果的部分有（　　）。
A. 花柄　　B. 花托　　C. 花被
D. 花序轴　　E. 子房
参考答案：BCDE
答案解析：假果的概念。
43. 由下位子房发育而来的肉果有（　　）。
A. 核果　　B. 浆果　　C. 梨果
D. 柑果　　E. 瓠果
参考答案：CE
答案解析：核果、浆果、柑果均为上位子房发育而来。
44. 由单雌蕊发育形成的果实有（　　）。
A. 蓇葖果　　B. 荚果　　C. 角果
D. 瓠果　　E. 核果
参考答案：ABE
答案解析：角果与瓠果由多心皮合生，具侧膜胎座的子房发育而来的果实。
45. 仅含一粒种子的果实有（　　）。
A. 核果　　B. 翅果　　C. 颖果
D. 瘦果　　E. 坚果
参考答案：ABCDE
答案解析：略。
46. 由 2 心皮子房发育形成的果实有（　　）。
A. 角果　　B. 核果　　C. 蓇葖果
D. 荚果　　E. 双悬果
参考答案：AE
答案解析：核果、蓇葖果、荚果由单心皮子房发育而成。
47. 下列为聚花果的是（　　）。
A. 菠萝　　B. 桑椹　　C. 无花果
D. 八角茴香　E. 莲蓬
参考答案：ABC
答案解析：八角茴香、莲蓬为聚合果。
48. 由上位子房发育而来的果实有（　　）。
A. 角果　　B. 柑果　　C. 梨果
D. 瓠果　　E. 双悬果
参考答案：AB
答案解析：梨果、瓠果、双悬果均由下位子房发育而来。
49. 下列为聚合果的是（　　）。
A. 八角茴香　　B. 草莓　　C. 莲蓬
D. 五味子　　E. 桑椹
参考答案：ABCD
答案解析：桑椹为聚花果。
50. 由侧膜胎座发育而成的果实是（　　）。
A. 柑果　　B. 梨果　　C. 瓠果
D. 角果　　E. 分果
参考答案：CD
答案解析：柑果、梨果、分果均由中轴胎座发育而来。
51. 参与形成假种皮的结构有（　　）。
A. 珠柄　　B. 珠被　　C. 珠心
D. 珠孔　　E. 胎座
参考答案：AE
答案解析：有的植物的种子，由珠柄或胎座处的组织延伸而形成假种皮，有的为肉质，有的为膜质，包在种皮外。
52. 下列属于颈卵器植物的是（　　）。
A. 地衣植物　　B. 苔藓植物
C. 蕨类植物　　D. 裸子植物
E. 被子植物
参考答案：BCD
答案解析：颈卵器植物包括苔藓植物、蕨类植物和裸子植物。
53. 下列分类系统，主张真花学说的是（　　）。
A. 恩格勒系统　　B. 哈钦松系统
C. 塔赫他间系统　D. 克朗奎斯特系统
E. 自然分类系统
参考答案：BCD
答案解析：选项中的分类系统均属于自然分类系统，恩格勒系统主张假花学说。

二、填空题

1. ＿＿＿＿＿是植物体结构和生命活动的基本单位。
参考答案：植物细胞
2. 细胞核具有一定的结构，可分为＿＿＿＿＿、＿＿＿＿＿、＿＿＿＿＿和＿＿＿＿＿。
参考答案：核膜 核仁 核液 染色质
3. 细胞壁根据形成的先后和化学成分的不同，分为三层：＿＿＿＿＿、＿＿＿＿＿和＿＿＿＿＿。
参考答案：胞间层 初生壁 次生壁
4. 按化学成分区分，植物常见的晶体有两种类型：＿＿＿＿＿、＿＿＿＿＿。
参考答案：碳酸钙结晶 草酸钙结晶
5. 能在光学显微镜下观察到的细胞器有＿＿＿＿＿、＿＿＿＿＿、＿＿＿＿＿。
参考答案：线粒体 质体 液泡

6. 脂肪和脂肪油遇苏丹Ⅲ溶液显________，遇锇酸显________。

参考答案：橙红色（红色或紫红色） 黑色

7. 蛋白质遇碘液显________，遇硫酸铜加苛性碱显________。

参考答案：暗黄色 紫红色

8. 常见的草酸钙晶体性状有________、________、________、________、________。

参考答案：方晶 针晶 砂晶 簇晶 柱晶

9. 植物的组织一般可分为分生组织、________、________、________、________和________，后五类是由分生组织分化而来的，又统称为________。

参考答案：基本组织（薄壁组织） 保护组织 机械组织 分泌组织 输导组织 成熟组织（永久组织）

10. 分生组织按来源可分为________、________和________，按位置又可分为________、________、________。

参考答案：原分生组织 初生分生组织 次生分生组织 顶端分生组织 居间分生组织 侧生分生组织

11. 保护组织依其来源不同，可分为初生保护组织和________，后者由外至内又可分为________、________、________三层。

参考答案：次生保护组织 木栓层 木栓形成层 栓内层

12. 根据细胞壁增厚的成分、部位和程度的不同，机械组织可分为________和________。后者根据细胞形状的不同，又可分为纤维和________，纤维根据在植物体内存在的部位不同，通常可分为________、________、________。

参考答案：厚角组织 厚壁组织 石细胞 皮层纤维 韧皮纤维 木纤维

13. 腺毛由________和________两部分组成。

参考答案：腺头 腺柄

14. 维管束是________、________、________的输导系统。

参考答案：蕨类植物 裸子植物 被子植物

15. 乳汁管可分为________和________两类。

参考答案：无节乳汁管 有节乳汁管

16. 导管根据细胞壁增厚所形成的纹理的不同，可分为________、________、________、________、________。

参考答案：螺纹导管 环纹导管 网纹导管 梯纹导管 孔纹导管

17. 根据分布位置的不同，分泌组织可分为________和________两类。

参考答案：外部分泌组织 内部分泌组织

18. 根尖由下至上可分为________、________、________和________。

参考答案：根冠 分生区 伸长区 成熟区（根毛区）

19. 按形态不同，根系可分为________和________。

参考答案：直根系 须根系

20. 根的初生维管柱包括________、________、________，其维管束类型为________。

参考答案：中柱鞘 初生韧皮部 初生木质部 辐射型维管束

21. 次生射线位于木质部称为________，位于韧皮部称为________，两者合称为________。

参考答案：木射线 韧皮射线 维管射线

22. 双子叶植物根的次生构造的维管束类型为________。

参考答案：无限外韧型维管束

23. 叶子脱落后在茎上留下的痕迹称为________，木兰科植物的托叶脱落后，在茎上留下的环状痕迹称为________。

参考答案：叶痕 托叶环

24. 依据茎的质地，茎可分为________、________和________；依据茎的生长习性，茎可分为________、________、________、________和________。

参考答案：木质茎 草质茎 肉质茎 直立茎 缠绕茎 攀缘茎 匍匐茎 平卧茎

25. 茎的初生构造从外至内可分为________、________和________。

参考答案：表皮 皮层 维管柱

26. 双子叶植物的初生维管束包括________、________和________。

参考答案：初生韧皮部 初生木质部 束中形成层

27. 茎的初生韧皮部的分化成熟方向为________，初生木质部的分化成熟方向为________。

参考答案：外始式 内始式

28. 单子叶植物的茎一般没有________、________，终生只有初生构造，维管束类型为________。

参考答案：形成层 木栓形成层 有限外韧型

29. 双子叶植物叶的组成部分，包括________、________、________。

参考答案：叶片 叶柄 托叶

30. 依据叶片分裂形状的不同，叶片的分裂有________、________、________。依据叶片裂隙的深浅，又可分为________、________、________。

参考答案：三出分裂 掌状分裂 羽状分裂 浅裂

深裂 全裂

31. 常见的叶序类型有______、______、______、______、______。

参考答案：互生 对生 轮生 簇生 基生

32. 常见的复叶类型有______、______、______、______。

参考答案：三出复叶 掌状复叶 羽状复叶 单身复叶

33. 双子叶植物的叶肉通常分为______、______两部分。

参考答案：栅栏组织 海绵组织

34. 典型的被子植物的花一般由______、______、______、______、______、______六部分组成。

参考答案：花梗 花托 花萼 花冠 雄蕊群 雌蕊群

35. 花被是______和______的总称。

参考答案：花萼 花冠

36. 根据花冠是否分离，分为______和______。

参考答案：离瓣花 合瓣花

37. 雄蕊由______和______两部分组成，雌蕊由______、______、______三部分组成。

参考答案：花药 花丝 柱头 花柱 子房

38. 被子植物成熟胚囊一般包括______个卵细胞、______个助细胞、______个极核细胞、______个反足细胞。

参考答案：1 2 2 3

39. 心皮卷合形成雌蕊时，其边缘的合缝线称为______，相当于心皮中脉部分的缝线称为______。

参考答案：腹缝线 背缝线

40. 花程式中，P 表示______，K 表示______，C 表示______，A 表示______，G 表示______。

参考答案：花被 花萼 花冠 雄蕊群 雌蕊群

41. 果实由______和______构成。

参考答案：果皮 种子

42. 依据来源不同，果实可分为______、______、______。

参考答案：单果 聚合果 聚花果

43. 肉果可分为______、______、______、______、______。依据成熟时果皮是否开裂，干果分为______和______。

参考答案：浆果 核果 梨果 柑果 瓠果 裂果 不裂果

44. 种子由______、______和______三部分组成。

参考答案：种皮 胚 胚乳

45. 被子植物的种子依据胚乳的有无，分为______和______两种类型。

参考答案：有胚乳种子 无胚乳种子

46. 在种皮上常见______、______、______、______等结构，有时还可见到______。

参考答案：种脐 种孔 合点 种脊 种阜

47. 一种植物完整的学名是由______、______和______三部分组成的。

参考答案：属名 种加词 命名人缩写

48. 高等植物包括______、______、______和______等类群。

参考答案：苔藓植物 蕨类植物 裸子植物 被子植物

49. 低等植物包括______和______等类群。

参考答案：藻类植物 地衣植物

50. 孢子植物包括______、______、______和______等类群。

参考答案：藻类植物 地衣植物 苔藓植物 蕨类植物

51. 维管植物包括______、______和______等类群。

参考答案：蕨类植物 裸子植物 被子植物

52. 关于被子植物的花从何而来，目前主要存在两种不同观点，即______和______。

参考答案：假花学说 真花学说

三、名词解释

1. 典型植物细胞

参考答案：将各种植物细胞的主要构造集中在一个细胞里加以说明，这个细胞称为典型植物细胞，又称模式植物细胞。

2. 原生质体

参考答案：原生质体是细胞内有生命物质的总称，包括细胞质、细胞核、质体、线粒体、高尔基体、核糖体、溶酶体等，是细胞的主要成分，细胞的一切代谢活动都在这里进行。

3. 植物细胞后含物

参考答案：植物细胞在生活过程中，由于新陈代谢活动而产生各种非生命的物质，统称为植物细胞后含物。

4. 质体

参考答案：质体是植物细胞所特有的一种细胞器，由蛋白质和类脂组成，含有色素，由所含色素和生理功能的不同，分为叶绿体、有色体和白色体。

5. 细胞器

参考答案：细胞器是细胞内具有一定形态结构、组成和特定功能的微器官，也称为拟器官。目前认为，细胞器包括质体、液泡、线粒体、内质网、核糖体、微管、高尔基体、圆球体、溶酶体、微体等。

6. 腺毛

参考答案：腺毛多由表皮细胞分化而来，是具有分泌能力的毛茸，由多细胞构成，有头、柄之分。

7. 腺鳞

参考答案：腺鳞是一种短柄或无柄的腺毛，其头部通常由多个细胞组成，略呈扁球形，排列在一个平面上呈鳞片状。

8. 周皮

参考答案：周皮是一种次生保护组织，一般分布于成熟时期的木本植物茎和根的表面，由木栓层、木栓形成层和栓内层组成。

9. 分隔纤维

参考答案：一种纤维的细胞腔中有菲薄的横隔膜，称为分隔纤维。

10. 嵌晶纤维

参考答案：纤维的次生壁外层密嵌细小的草酸钙晶体，称为嵌晶纤维。

11. 晶鞘纤维

参考答案：由纤维束和其外侧包围着的含草酸钙晶体的薄壁细胞组成的复合体，称为晶鞘纤维。

12. 维管束

参考答案：维管束是维管植物，即蕨类植物、裸子植物、被子植物的输导系统，为束状结构，贯穿于整个植物体内部，除具有输导功能外，同时对植物体还有支持作用。维管束主要由木质部和韧皮部组成。

13. 离生性分泌腔

参考答案：离生性分泌腔为分泌腔的一种，由于分泌细胞的胞间层裂开，细胞间隙扩大形成腔隙，腔隙周围的分泌细胞完整，又称为裂生性分泌腔。

14. 溶生性分泌腔

参考答案：由许多聚集的分泌细胞本身破裂溶解而形成的分泌腔，腔室周围的细胞常破碎，不完整。

15. 畸形石细胞

参考答案：有些石细胞通常呈分枝状，体积较大，称为畸形石细胞或支柱细胞。

16. 通道细胞

参考答案：在内皮层细胞壁增厚的过程中，有少数正对木质部脊的内皮层细胞细胞壁不增厚，仍保持着初期发育阶段的结构，称为通道细胞，起着皮层与维管柱间物质交流的作用。

17. 定根与不定根

参考答案：根就其来源不同，可分为定根和不定根。凡是直接或间接由胚根发育而成的主根及其各级侧根称为定根，它们都有固定的生长部位。凡不是直接或间接由胚根发育而成的根称为不定根，不定根没有一定的生长部位，有的在茎的基部节上产生，有的在叶上产生，或在胚轴、老根、花柄等部位产生。

18. 直根系与须根系

参考答案：一株植物地下所有的根总称为根系。按其形态不同分为直根系和须根系。凡由明显发达的主根及各级侧根组成的根系称为直根系。如果主根不发达或早期死亡，而由茎的基部节上长出许多大小、长短相似的不定根组成的根系，称为须根系。

19. 凯氏带

参考答案：内皮层细胞常木质化或木栓化增厚，在内皮层细胞的径向壁和上下壁上形成一条带状结构，环绕成一圈，称为凯氏带。

20. 三生构造

参考答案：某些双子叶植物的根、茎，除正常的次生构造外，由于形成层活动异常，或者不同部位薄壁细胞恢复分生能力，出现副形成层，由此产生一些特有的维管束，称异型维管束，由此产生的结构称为异常构造，与初生构造、次生构造相对应，也称其为三生构造。

21. 木质茎与草质茎

参考答案：茎质地坚硬、木质部发达的茎称为木质茎；质地较柔软、木质部不发达的茎称为草质茎。

22. 匍匐茎与平卧茎

参考答案：茎平卧地面，沿水平方向蔓延生长，节上生出不定根，称为匍匐茎；若节上不生不定根称为平卧茎。

23. 年轮

参考答案：在木本植物的木质部或木材的横切面上常可见许多同心轮层，每一轮层都是由形成层在一年中所形成的木材，一年一轮地标志着树木的年龄，称为年轮。

24. 边材与心材

参考答案：在木材横切面上，靠近形成层的部分颜色较浅，质地较松软，称为边材；而中心部分颜色较深，质地较坚硬，称为心材。

25. 落皮层

参考答案：老周皮内方的组织被新周皮隔离后，由于水分和营养供应的终止，相继全部死亡，这些周皮及其被隔离的颓废组织的综合体，因常剥落，故称为落皮层。

26. 完全叶与不完全叶

参考答案：凡具有叶柄、叶片、托叶三部分的叶称为完全叶，三部分缺少任何一部分的叶称为不完全叶。
27. 单叶与复叶
参考答案：1 个叶柄上只有 1 个叶片的，称为单叶。1 个叶柄上生有 2 个以上叶片的，称为复叶。
28. 异型叶性
参考答案：有的植物在同一植株上有不同形状的叶，这种现象称为异型叶性。异型叶性的发生，通常和植物的年龄或外界环境的影响有关。
29. 叶镶嵌
参考答案：叶在茎枝上无论以哪一种方式排列，相邻两节的叶片都不重叠，总是以一定的角度镶嵌而生，称叶镶嵌。
30. 运动细胞
参考答案：禾本科植物叶片上表皮中有一些特殊的大型薄壁细胞，称泡状细胞，细胞具有大型液泡，在横切面上排列略呈扇形，干旱时由于这些细胞失水收缩，使叶片卷曲成筒，可减少水分蒸发，故又称为运动细胞。
31. 单身复叶
参考答案：是一种特殊形态的复叶，叶轴的顶端具有 1 片发达的小叶，两侧的小叶退化成翼状，其顶生小叶与叶轴连接处有一明显的关节。
32. 叶序与脉序
参考答案：叶在茎枝上排列的方式或次序称为叶序，常见有互生、对生、轮生、簇生等。叶脉在叶片中的分布与排列称为脉序，可分为网状脉序、平行脉序和二叉脉序等。
33. 叶鞘
参考答案：有些植物的叶柄基部或叶柄全部扩大成鞘状，称叶鞘。
34. 总苞片与小苞片
参考答案：生于花序外围或下面的苞片称总苞片；花序中每朵小花花柄上或花萼下的苞片称小苞片。
35. 完全花与不完全花
参考答案：凡是花萼、花冠、雄蕊群、雌蕊群四部分俱全的花称为完全花，若缺少其中一部分或几部分的花称为不完全花。
36. 单体雄蕊、聚药雄蕊、二体雄蕊、二强雄蕊、四强雄蕊
参考答案：雄蕊的花药分离而花丝连合成一束呈筒状，称为单体雄蕊；雄蕊的花药连合呈筒状而花丝分离，称为聚药雄蕊；雄蕊的花药分离而花丝连合成两束，称为二体雄蕊；雄蕊 4 枚，分离，2 长 2 短，称为二强雄蕊；雄蕊 6 枚，分离，4 长 2 短，称为四强雄蕊。
37. 合蕊柱
参考答案：有些植物的花柱与雄蕊合生成柱状体，称合蕊柱，如兰科植物。
38. 单雌蕊与复雌蕊
参考答案：由一个心皮构成的雌蕊，称为单雌蕊，有的植物一朵花中仅有一个单雌蕊，有的植物一朵花中有多个离生单雌蕊；由两个或两个以上的心皮彼此连合构成的雌蕊，称为复雌蕊，又称合生心皮雌蕊。
39. 上位子房与下位子房
参考答案：子房仅底部与花托相连，称为上位子房；子房全部与凹下的花托愈合，称为下位子房。
40. 胎座
参考答案：胚珠在子房内的着生位置称为胎座。
41. 头状花序、隐头花序、轮伞花序
参考答案：头状花序的花序轴缩短为头状或盘状的花序托，其上密生许多无柄的小花，外围的苞片密集成总苞；隐头花序的花序轴肉质膨大而下陷呈囊状，其内壁上着生多数无柄单性的小花；聚伞花序对生于叶腋呈轮伞状排列，称轮伞花序。
42. 真果与假果
参考答案：单纯由子房发育而来的果实称为真果。除子房外，花的其他部分（如花托、花被、花序轴等）也参与了果实的形成，称为假果。
43. 单果、聚合果与聚花果
参考答案：一朵花中只有一个雌蕊，以后形成一个果实的称为单果。由一朵花中的离生单雌蕊连同花托一起发育形成的果实，称为聚合果。由整个花序发育而成的果实，称为聚花果，又称复果。
44. 柑果、梨果、瓠果
参考答案：柑果由合生心皮雌蕊且具中轴胎座的上位子房发育而成，外果皮较厚，柔韧如革，内含油室；中果皮疏松呈海绵状，与外果皮界线不清；内果皮膜质，分隔成多室，内壁生有许多肉质多汁的囊状腺毛。梨果由 5 心皮合生的下位子房连同花托和萼筒发育而成，其肉质可食部分主要来自花托和萼筒，外果皮和中果皮肉质，界线不清，内果皮坚韧，常分隔为 5 室，内含 2 粒种子。瓠果由 3 心皮合生具侧膜胎座的下位子房连同花托发育而成，外果皮坚韧，中果皮和内果皮及胎座肉质。
45. 双悬果
参考答案：伞形科植物的果实由两个心皮合生的下位子房发育而成，成熟时分离为两个果瓣，悬于中央果柄的上端，称为双悬果。
46. 有胚乳种子和无胚乳种子

参考答案：种子中具有发达的胚乳，胚乳储存的养料到种子萌发时才被胚吸收利用的种子，称为有胚乳种子。种子中不存在胚乳或仅残留一薄层，胚乳的养料在胚发育过程中被胚吸收并储藏在子叶中的种子，称无胚乳种子。

47. 种阜

参考答案：有些植物的种皮在珠孔处有一个由珠被扩展成的海绵状突起物，称为种阜，有吸水帮助种子萌发的作用。

48. 外胚乳

参考答案：大多数植物的种子，当胚发育或胚乳形成时，胚囊外面的珠心细胞被胚乳吸收而消失，但也有少数种子植物的珠心，在种子发育过程中未被完全吸收而形成营养组织包围在胚乳和胚的外部，称为外胚乳。

49. 假种皮

参考答案：有的植物的种子，由珠柄或胎座处的组织延伸而形成假种皮，有的为肉质，有的为膜质，包在种皮外。

50. 种

参考答案：种是生物分类的基本单位，具有一定的形态学、生理学特征和一定的自然分布区，并且有相当稳定性质的居群。

51. 低等植物与高等植物

参考答案：植物体的形态构造简单，无根、茎、叶分化，无组织分化，生殖器官为单细胞，合子不发育形成胚，称为低等植物。植物体构造复杂，有根、茎、叶分化，有组织分化，生殖器官为多细胞，合子发育形成胚，称为高等植物。

52. 孢子植物与种子植物

参考答案：植物体在有性生殖过程中不开花不结果实，以孢子繁殖，称为孢子植物。植物体在有性生殖过程中开花、形成种子，以种子进行繁殖，称为种子植物。

53. 颈卵器植物

参考答案：苔藓植物、蕨类植物和裸子植物在有性生殖过程中，在配子体上产生精子器和颈卵器的结构，故合称颈卵器植物。

54. 维管植物

参考答案：蕨类植物、裸子植物和被子植物体内具有维管系统，合称为维管植物。

四、判断题

1. 液泡内含有新陈代谢过程中产生的各种物质的混合液，称为细胞液。(　　)

参考答案：√

答案解析：略。

2. 细胞液是无生命的。(　　)

参考答案：√

答案解析：略。

3. 观察菊糖，应将材料浸入水中一周后，再做成切片。(　　)

参考答案：×

答案解析：菊糖溶于水，但不溶于乙醇，观察菊糖应将材料浸入乙醇，一周后切片观察。

4. 储藏淀粉是以糊粉粒的形式储藏在植物的薄壁细胞中。(　　)

参考答案：×

答案解析：淀粉以淀粉粒的形式储藏，糊粉粒是蛋白质的储藏形式。

5. 植物体内产生草酸钙结晶，被认为起解毒作用。(　　)

参考答案：√

答案解析：略。

6. 所有植物细胞均具有次生壁。(　　)

参考答案：×

答案解析：许多植物无次生生长，终生只具有初生壁。

7. 许多植物细胞终生只具有初生壁。(　　)

参考答案：√

答案解析：略。

8. 水稻、小麦的拔节、抽穗，是顶端分生组织活动的结果。(　　)

参考答案：×

答案解析：水稻、小麦的拔节、抽穗，是居间分生组织活动的结果。

9. 次生分生组织活动的结果是产生次生构造，使根、茎和枝不断加粗。(　　)

参考答案：√

答案解析：略。

10. 双子叶植物根的初生构造的维管束类型为辐射型。(　　)

参考答案：√

答案解析：略。

11. 伴胞是维管植物具有的输导组织。(　　)

参考答案：×

答案解析：伴胞是被子植物特有的输导组织。

12. 大多数草本植物和木本植物的叶，终生只具有表皮。(　　)

参考答案：√

答案解析：略。

13. 裸子植物运输同化物的筛胞存在于木质部，运输能力没有筛管强。(　　)

参考答案：×

答案解析：筛胞存在于韧皮部。
14. 机械组织的细胞壁均为次生增厚。(　　)
参考答案：×
答案解析：厚角组织的细胞壁为初生增厚。
15. 腺鳞是一种柄短或无柄的腺毛。(　　)
参考答案：√
答案解析：略。
16. 侵填体是温带树木到冬季，在筛板处生成的一种黏稠的碳水化合物。(　　)
参考答案：×
答案解析：胼胝体是温带树木到冬季，在筛板处生成的一种黏稠的碳水化合物。
17. 草本的单子叶植物通常根、茎的维管束没有形成层。(　　)
参考答案：√
答案解析：略。
18. 人参的根系为须根系。(　　)
参考答案：×
答案解析：人参有明显主根，为直根系植物。
19. 玉米茎节基部产生的根为不定根。(　　)
参考答案：√
答案解析：略。
20. 所有植物的根尖部分均具有根冠。(　　)
参考答案：×
答案解析：寄生根与菌根无根冠。
21. 根的顶端分生组织所在部位为伸长区。(　　)
参考答案：×
答案解析：根的顶端分生组织所在部位为分生区。
22. 根的初生构造的中央部分是髓部。(　　)
参考答案：×
答案解析：许多植物根的初生构造中央无髓部。
23. 植物完成初生生长后，进行次生生长。(　　)
参考答案：×
答案解析：许多植物无次生生长。
24. 草本植物终生只具有初生构造。(　　)
参考答案：√
答案解析：略。
25. 何首乌块根横切面上皮部的圆圈状花纹称为云锦纹。(　　)
参考答案：√
答案解析：略。
26. 皮类生药指维管形成层以外的部分。(　　)
参考答案：√
答案解析：略。
27. 一般双子叶植物的维管束为环状排列。(　　)
参考答案：√
答案解析：略。
28. 单子叶植物的茎的中央有明显的髓部。(　　)
参考答案：×
答案解析：单子叶植物的茎的中央无髓部。
29. 鳞茎具有明显的节和缩短的节间，节上有膜质鳞片，顶芽发达。(　　)
参考答案：×
答案解析：鳞茎是由许多肥厚的肉质鳞叶包围的扁平或圆盘状的地下茎，中间有顶芽，鳞片内有腋芽，基部有不定根，节间不明显。
30. 地上茎的变态有叶状茎、刺状茎、鳞茎、块茎。(　　)
参考答案：×
答案解析：鳞茎、块茎为变态的地下茎。
31. 叶均由叶片、叶柄、托叶三部分组成。(　　)
参考答案：×
答案解析：由叶片、叶柄、托叶三部分组成的称为完全叶，三部分缺一的称不完全叶。
32. 等面叶没有栅栏组织和海绵组织的分化。(　　)
参考答案：×
答案解析：有的等面叶没有栅栏组织和海绵组织的分化，有的有分化，但栅栏组织位于上、下表皮的内方。
33. 叶片的质地有纸质、革质、膜质、干膜质、草质、肉质之分。(　　)
参考答案：√
答案解析：略。
34. 叶轴上着生三片小叶，顶生小叶具柄，称羽状三出复叶。(　　)
参考答案：√
答案解析：略。
35. 茎枝的每一节上只生一片叶子，称为互生。(　　)
参考答案：√
答案解析：略。
36. 裸子植物的叶多为针叶。(　　)
参考答案：√
答案解析：略。
37. 花由花芽发育而来，是节间缩短、适应生殖的变态短枝。(　　)
参考答案：√
答案解析：略。
38. 裸子植物的花与被子植物的花组成相似，结构复杂。(　　)

参考答案：×
答案解析：裸子植物没有真正的花，其大孢子叶球与小孢子叶球结构简单。
39. 多心皮合生形成，子房室一室的胎座类型为侧膜胎座。(　　)
参考答案：×
答案解析：侧膜胎座、特立中央胎座均为多心皮合生，子房室一室。
40. 一朵花中有一个雌蕊为单雌蕊，有多个雌蕊为复雌蕊。(　　)
参考答案：×
答案解析：单雌蕊由一个心皮形成，复雌蕊由 2 个或 2 个以上心皮合生形成，一朵花中仅有一个雌蕊，可能是单雌蕊，也可能是复雌蕊，一朵花中有多个单雌蕊，为离生单雌蕊。
41. 下位子房的花，花的其他部分着生于子房的上方，称为上位花。(　　)
参考答案：√
答案解析：略。
42. 一朵花中雌蕊和雄蕊都有，称雌雄同株。(　　)
参考答案：×
答案解析：一朵花中雌蕊和雄蕊都有为两性花，若花为单性，同一植株上既有雌花也有雄花，称为雌雄同株。
43. 无对称面的花称为不整齐花。(　　)
参考答案：×
答案解析：无对称面的花称为不对称花。
44. 鸟媒花和水媒花是植物长期自然选择的结果，也是自然界最普遍的适应传粉的花的类型。(　　)
参考答案：×
答案解析：风媒花和虫媒花是自然界最普遍的适应传粉的花的类型。
45. 胚珠是种子的前身，由珠心、珠被、珠孔、珠柄组成。(　　)
参考答案：√
答案解析：略。
46. 花粉的类别、形态、大小、萌发孔的数目和外壁雕纹等基本保持稳定，这些形态特征常被用于植物分类鉴定和系统发育研究。(　　)
参考答案：√
答案解析：略。
47. 苹果的雌蕊为复雌蕊。(　　)
参考答案：√
答案解析：苹果是梨果，是由 5 心皮的下位子房连同花托和萼筒发育而来的果实，因此其雌蕊为复雌蕊。
48. 被子植物的胚乳为二倍体。(　　)
参考答案：×
答案解析：被子植物的胚乳是由受精极核发育而来，为三倍体。
49. 荔枝、龙眼肉质可食部分为中果皮。(　　)
参考答案：×
答案解析：荔枝、龙眼肉质可食部分为假种皮。
50. 果实是种子植物的繁殖器官。(　　)
参考答案：×
答案解析：果实是被子植物的繁殖器官，裸子植物不具有果实。
51. 一朵花中仅有一个雌蕊，这个雌蕊无论是单雌蕊或是复雌蕊，形成的果实均为单果。(　　)
参考答案：√
答案解析：略。
52. 瘦果、颖果、坚果、蒴果属于不裂果。(　　)
参考答案：×
答案解析：蒴果为裂果。
53. 果实经过传粉和受精作用才能形成。(　　)
参考答案：×
答案解析：有的植物只经过传粉而不经过受精也能发育成果实，称为单性结实。
54. 梨果和瓠果是假果。(　　)
参考答案：√
答案解析：略。
55. 农业生产中，常把颖果称为种子。(　　)
参考答案：√
答案解析：略。
56. 荚果和蓇葖果均由边缘胎座的子房发育而来的。(　　)
参考答案：√
答案解析：略。
57. 复果是由复雌蕊发育而来的果实。(　　)
参考答案：×
答案解析：复果即聚花果，由花序发育而来。
58. 单果分为肉果和干果。(　　)
参考答案：√
答案解析：略。
59. 种脐是种子成熟后从种柄或胎座上脱落留下的瘢痕。(　　)
参考答案：√
答案解析：略。
60. 种子是被子植物特有的器官。(　　)
参考答案：×
答案解析：裸子植物和被子植物均有种子。
61. 有胚乳种子的胚相对较小，子叶很薄。(　　)

参考答案：√
答案解析：略。
62. 植物的学名是指植物的英文名称。(　　)
参考答案：×
答案解析：植物的学名由两个拉丁语词组成，格式为：属名+种加词+命名人缩写。
63. 种是植物分类的基本单位，种是由居群组成的。(　　)
参考答案：√
答案解析：略。
64. 低等植物内部没有组织分化。(　　)
参考答案：√
答案解析：略。
65. 瑞典植物学家林奈的著作《自然系统》，是人为分类系统时期最著名的代表论著之一。(　　)
参考答案：√
答案解析：略。

五、问答题

1. 常见的晶体有哪些类型？如何区别碳酸钙结晶与草酸钙结晶？
参考答案：
常见的晶体有碳酸钙晶体和草酸钙晶体两大类，草酸钙晶体由于结晶形状不同可分为方晶、针晶、砂晶、柱晶和簇晶，碳酸钙晶体又称钟乳体。两种晶体除在形态上有区别外，加乙酸也可区别。碳酸钙晶体加乙酸溶解，并释放CO_2气泡，而草酸钙晶体加乙酸则不溶解。
2. 如何区别腺毛与非腺毛？
参考答案：
①从功能看：腺毛有分泌能力，非腺毛没有分泌能力。②从结构看：腺毛有腺头和腺柄之分，顶端（腺头）多膨大呈圆球形；非腺毛无腺头、腺柄之分，顶端多呈狭尖状。
3. 试从存在部位、生理功能和形态特征等方面区别导管与筛管。
参考答案：
导管主要存在于被子植物的木质部中，其生理功能是输导水分和无机盐，导管是由多个长管状的细胞上下连接而成的，上下连接处两细胞的端壁溶解，导管细胞的细胞壁呈各种纹理的增厚，且木质化，成熟的导管分子为死细胞；筛管存在于被子植物的韧皮部，其生理功能是输导有机养料，组成筛管的细胞上下连接处的细胞端壁不溶解，形成筛板，其上有小孔（筛孔），且细胞壁由纤维素组成，无木质化的次生增厚，为无核的活细胞，筛管旁伴有一小型的伴胞。
4. 何谓维管束？试述蕨类植物、裸子植物、被子植物三类维管植物的维管束的组成。
参考答案：
维管束是维管植物，即蕨类植物、裸子植物、被子植物的输导系统，为束状结构，贯穿于整个植物体内部，除具有输导功能外，同时对植物体还有支持作用。维管束主要由木质部和韧皮部组成。维管束的木质部、韧皮部组成因植物类群不同而异。蕨类植物、裸子植物的木质部主要由管胞组成，有的种类有少量的木薄壁细胞，韧皮部主要由筛胞和韧皮薄壁细胞组成。被子植物的木质部主要由导管、木纤维和木薄壁细胞组成，韧皮部主要由筛管、伴胞、韧皮纤维和韧皮薄壁细胞组成。
5. 根的特征和形态学特点是什么？
参考答案：
根的特征是：通常生长于土壤中，具有向地性、向湿性和背光性。其形态学特点：无节和节间之分，一般不生芽、叶和花。
6. 何谓块根？试举出 5 种以块根入药的药用植物。
参考答案：
由侧根或不定根肥大而成的贮藏根，称为块根。常见的药用块根有何首乌、麦冬、天冬、百部、地黄。
7. 绘制根的初生构造简图，并说明由外至内的几部分组成及结构特点。
参考答案：
根的初生构造简图略。
根的初生构造由外至内由表皮、皮层、维管柱三部分组成，其特点：表皮上常见根毛，有吸收表皮之称；皮层发达、宽广，可分为外皮层、皮层薄壁组织和内皮层，内皮层明显，细胞壁有凯氏带增厚；初生木质部与初生韧皮部相间排列，为辐射型维管束。
8. 试说明根的形成层的产生与活动过程。
参考答案：
当根的初生构造形成后，在初生韧皮部和初生木质部之间的一些薄壁细胞恢复分生能力，转变为形成层，并逐渐向初生木质部外方的中柱鞘部位发展，使相邻的中柱鞘细胞也恢复分生能力成为形成层的一部分，从而形成层环。形成层细胞不断进行平周分裂，向内产生次生木质部，加在初生木质部外方，向外产生次生韧皮部，加在初生韧皮部内方。次生木质部和次生韧皮部合称为次生维管组织。
9. 试比较双子叶植物与单子叶植物根的初生构造的异同点。

参考答案：

共同点：从外至内均由表皮、皮层、维管柱三部分组成，表皮上常见根毛，皮层发达、宽广，内皮层细胞壁有凯氏带增厚，辐射型维管束。

不同点：双子叶植物根的内皮层细胞增厚主要为凯氏带，初生木质部一般分化至维管柱的中心，无髓部；而单子叶植物的内皮层细胞增厚除了凯氏带外，还有马蹄形增厚，初生木质部一般不分化至中央，具有髓部，某些单子叶植物的表皮细胞会分化为数层，细胞壁木栓化形成根被。

10. 双子叶植物根的初生构造与双子叶植物茎的初生构造有何异同？

参考答案：

共同点：均由表皮、皮层、维管柱三部分组成。

不同点	根	茎
表皮	无角质层、气孔，有根毛	有角质层、气孔、毛茸，无根毛
皮层	发达，可分为外皮层、皮层薄壁组织和内皮层三层，无厚角组织和同化组织，有明显的内皮层，内皮层细胞具凯氏带	不发达，有厚角组织和同化组织，无明显的内皮层，也无凯氏带，有些种类具淀粉鞘
维管柱	①有中柱鞘；②初生木质部与初生韧皮部各自成束相间排列，成辐射型维管束；③初生木质部发育为外始式；④少数种类有髓，但无髓射线	①无中柱鞘；②初生木质部与初生韧皮部内外排列，成外韧型维管束；③初生木质部发育为内始式；④有髓和髓射线

11. 如何区别具单叶的小枝和羽状复叶？

参考答案：

①羽状复叶的叶轴先端无顶芽，单叶的小枝的先端有顶芽。②羽状复叶的小叶叶腋无腋芽，仅在总叶柄腋内有腋芽，而小枝上单叶的叶腋有腋芽。③羽状复叶的小叶与叶轴常成一平面，而小枝上的单叶与小枝成一定角度。④羽状复叶是整个脱落，或小叶先落，然后叶轴连同总叶柄一起脱落，而小枝一般不脱落，只有小枝上的单叶脱落。

12. 何谓花？研究花的结构有何意义？

参考答案：

花由花芽发育而成，是节间极度缩短、适应生殖的一种变态短枝。花的形态结构特征随植物种类而异，但是对于同一物种而言，花的形态结构较其他器官具有相对保守性和稳定性，植物在长期进化过程中发生的变化，也多从花的结构上得到反映。所以掌握花的结构，对研究植物分类、药材的原植物鉴别及花类药材的鉴定等均有重要意义。

13. 何谓心皮？被子植物与裸子植物的心皮各有何特点？

参考答案：

心皮是具有繁殖作用的变态叶，是构成雌蕊的基本单位。被子植物的心皮包卷形成封闭的子房，胚珠着生于子房内；裸子植物的心皮则展开成叶状，不形成封闭的子房，胚珠裸露生于心皮的边缘或腹面。

14. 何谓双受精？双受精有何生物学意义？

参考答案：

被子植物的花粉管进入胚囊后，先端破裂，其中一个精子与卵细胞结合形成二倍体的受精卵，发育形成胚；另一个精子与两个极核细胞结合形成三倍体的受精极核，发育形成胚乳。这一过程称为双受精，是被子植物特有的现象。双受精在生物学上具有重要的意义。首先，2 个单倍体的雌雄胚子融合为 1 个二倍体的合子，恢复了植物原有的染色体数目，保持了物种遗传的稳定性。其次，具有差异的遗传物质重新组合，形成有双重遗传性的合子，合子发育成新一代的植株，往往会发生变异，形成新的遗传性状。最后，由受精极核发育形成的胚乳是三倍体，作为营养物质被胚吸收，保障了胚成熟或萌发过程中的营养供给，使后代的生活力更强，适应性更广。双受精是植物界有性生殖过程中最进化的形式。

15. 双受精后，一朵花的各部分如何变化？

参考答案：

双受精后，花柄形成果柄；花托消失或形成果实的一部分；花萼凋落或形成果蒂（宿萼）；花冠凋落；雄蕊的花丝凋落，花药的花粉粒产生精细胞进入胚囊；雌蕊的柱头和花柱凋落，子房膨大为果实，胚珠发育为种子，其中珠柄形成种柄，珠孔形成种孔，珠脊形成种脊，珠被形成种皮，珠心消失或形成外胚乳，受精卵形成胚，受精极核发育为胚乳，助细胞和反足细胞消失。

16. 简述果皮的一般构造。

参考答案：

果皮分为外果皮、中果皮和内果皮三部分。外果皮是果皮的最外层，常由一列表皮细胞或由表皮与某些相邻组织构成，外被角质层或蜡被，偶有气孔或毛茸，有的表皮细胞中含有有色物质或色素，有的表皮细胞中嵌有油细胞。中果皮位于外果皮内方，占果皮的大部分，多由薄壁细胞组成，内含多数细小的维管束，有的含有石细胞、纤维、油细胞、油室或油管。内果皮是果皮的最内一层，多由一层薄壁细胞组成，有的具石细胞，有的具镶嵌细胞，有的向内产生囊状毛。

17. 胚由哪几部分组成？各部分发育形成植物体的哪一部分？

参考答案：

胚由胚根、胚轴、胚芽、子叶组成，种子萌发后，胚根形成植物的主根、侧根，胚芽形成植物的地上部分，子叶在萌发过程中提供营养物质，最后脱落。

18. 试述药学工作者学习植物分类学的意义。

参考答案：

药学工作者学习植物分类学的意义，主要有几个方面：①准确鉴定药材原植物种类，保证药材生产、研究的科学性和用药安全性。②利用植物之间的亲缘关系，探寻新的药用植物资源和紧缺药材的代用品。③为药用植物资源的调查、开发利用、保护和栽培提供依据。④了解植物的命名法，有助于国际学术交流。

19. 试以自己熟悉的一种植物来列出其在植物界中的分类等级。

参考答案：

如掌叶大黄（*Rheum palmatum* L.）的分类等级从高到低为植物界，被子植物门，双子叶植物纲，蓼目，蓼科，大黄属，掌叶大黄。

20. 何谓“双名法”？

参考答案：

“双名法”是瑞典植物学家林奈倡导的，被写入《国际植物命名法规》，即规定植物的学名主要由两个拉丁词组成，前一个词是植物所隶属的属名，第二个词是种加词，后面附上命名人的缩写。其格式：属名+种加词+命名人。

生药学基础知识

一、选择题

A 型题（最佳选择题）

1.《中国药典》生药拉丁名称的编写方式是（　　）。
A. 属名+种加词
B. 属名+种加词+命名人
C. 药用部位名（主格）+动、植物学名的词或词组（属格）
D. 动、植物学名的词或词组（属格）+药用部位名（主格）
E. 药用部位名（属格）+动、植物学名的词或词组（主格）
参考答案：D
答案解析：B 选项为植物的学名组成。

2.《中国药典》编写时，采用的生药分类方法是（　　）。
A. 按自然分类系统
B. 按药用部位
C. 按化学成分
D. 按中文名词首笔画顺序
E. 按药理作用
参考答案：D
答案解析：略。

3. 昆布属于（　　）。
A. 藻类生药　B. 菌类生药
C. 蕨类生药　D. 裸子植物类生药
E. 被子植物类生药
参考答案：A
答案解析：略。

4. 按化学成分进行分类，三七属于（　　）。
A. 含黄酮类生药　B. 含皂苷类生药
C. 含强心苷类生药　D. 含生物碱类生药
E. 含木质素类生药
参考答案：B
答案解析：略。

5. 按药用部位进行分类，沉香属于（　　）。
A. 根类及根茎类生药　B. 叶类生药
C. 茎木类生药　D. 花类生药
E. 皮类生药
参考答案：C
答案解析：沉香药用部位为含树脂的木材。

6. 按功效进行分类，薏苡仁属于（　　）。
A. 解表药　B. 泻下药　C. 清热药
D. 祛风湿药　E. 利水渗湿药
参考答案：E
答案解析：略。

7. 含挥发性成分的一般生药，水分含量测定的方法适宜采用（　　）。
A. 晒干法　B. 烘干法　C. 甲苯法
D. 减压干燥法　E. 气相色谱法
参考答案：C
答案解析：水分测定的三种方法，烘干法适用于不含或少含挥发油的生药，甲苯法适用于含挥发性成分的一般生药，减压干燥法适用于含挥发性成分的贵重生药。

8. 衡量泥沙含量的重要指标是（　　）。
A. 总灰分　B. 酸不溶性灰分
C. 生理灰分　D. 灼烧残渣
E. 以上均是
参考答案：B
答案解析：酸不溶性灰分是衡量泥沙的重要指标。

9. 观察淀粉粒的形状，最适合的装片方法是（　　）。
A. 水合氯醛装片　B. 乙醇装片
C. 稀碘液装片　D. 甘油装片
E. 水装片
参考答案：E
答案解析：乙醇装片观察菊糖，甘油装片观察糊粉粒，水合氯醛用于透化，使组织切片或粉末的组织、细胞能观察清楚。

10. 生药鉴定用供试样品的取样至少是检样量的（　　）。
A. 1 倍　B. 2 倍　C. 3 倍　D. 5 倍　E. 6 倍
参考答案：C
答案解析：1/3 试验分析用量，1/3 复核用量，1/3 留样保存量。

11. 测定生药挥发油的供试品，需粉碎后通过（　　），并将颗粒混合均匀。
A. 二号筛　B. 三号筛
C. 二号至三号筛　D. 四号筛
E. 直径不超过 3mm 的颗粒
参考答案：C
答案解析：略。

12. 生药取样时，从总包件为 2000 件的普通生药中取出样品，应取样品的件数为（　　）。
A. 100 件　B. 60 件　C. 50 件
D. 20 件　E. 10 件
参考答案：B
答案解析：100～1000 件，按 5%取样，超过 1000 件的，超过部分按 1%取样，因此计算算式是 1000×5%+1000×1%=60。
13. 生药取样时，贵重生药每一包件的取样量为（　　）。
A. 100 g　B. 50 g　C. 25 g
D. 5～10 g　E. 1～3 g
参考答案：D
答案解析：贵重生药逐件取样，每一包件的取样量为 5～10 g。
14. 测定药材酸不溶性灰分所用的酸为（　　）。
A. 稀硫酸　B. 稀盐酸　C. 稀硝酸
D. 稀乙酸　E. 浓硫酸
参考答案：B
答案解析：略。
15. 生药高温灰化后，所残留的不挥发性无机盐称为（　　）。
A. 总灰分　B. 酸不溶性灰分
C. 生理灰分　D. 浸出物
E. 残渣
参考答案：A
答案解析：略。
16. 为了使生药组织片或粉末的细胞、组织能观察清楚，常使用的透化剂是（　　）。
A. 乙醇　B. 乙酸　C. 稀盐酸
D. 水合氯醛　E. 甘油
参考答案：D
答案解析：显微鉴定常用的透化剂为水合氯醛。
17. 在光学显微镜下观察细胞和后含物时，测量其直径、长短常用计量单位是（　　）。
A. cm　B. mm　C. μm　D. nm　E. m
参考答案：C
答案解析：光学显微的有效分辨率不小于 0.2μm。
18. 测定生药中挥发性物质的组分和含量常用的仪器是（　　）。
A. 高效液相色谱仪　B. 气相色谱仪
C. 气质联用仪　D. 薄层扫描仪
E. 红外光谱仪
参考答案：B
答案解析：气相色谱法最适用于分析含挥发性成分的生药。
19. 生药含量测定的首选方法是（　　）。
A. 薄层色谱法　B. 气相色谱法
C. 毛细管电色谱　D. 高效毛细管电泳
E. 高效液相色谱法
参考答案：E
答案解析：高效液相色谱法具有分离效能高、分析速度快、重现性好、灵敏度和准确度高等优势，是生药含量测定的首选方法。
20. 生药浸出物含量测定时，干燥温度为（　　）。
A. 200℃　B. 150℃　C. 120℃
D. 105℃　E. 100℃
参考答案：D
答案解析：略。
21. 生药的基源鉴定是生药鉴定的根本，是要给出原植（动）物的正确（　　）。
A. 药用部位　B. 学名　C. 中文名
D. 英文名　E. 日文名
参考答案：B
答案解析：生药的基源鉴定，确定物种，给出药用原植（动）物正确的学名，是生药鉴定的根本。
22. 根皮类生药的采收期多在（　　）。
A. 春季　B. 夏季　C. 秋季
D. 冬季　E. 春夏之交
参考答案：C
答案解析：树皮多在春夏之交采收，易于剥离；根皮多在秋季采收。
23. 含挥发油的花类、叶类、草类生药的干燥方法主要是（　　）。
A. 晒干法　B. 阴干法　C. 烘干法
D. 减压干燥法　E. 甲苯法
参考答案：B
答案解析：生药的三种干燥方法，晒干法适用于肉质根类，阴干法适用于芳香性的花类、叶类、草类，烘干法不受天气限制。
24. 药材加热或半干燥后，停止加温，密闭堆置起来使之发热，内部水分向外蒸发，当堆内蒸汽达到饱和，遇堆外低温，水就凝结成水珠附于药材的表面，此过程称为（　　）。
A. 起霜　B. 泛油　C. 吐脂
D. 出汗　E. 发汗
参考答案：E
答案解析：发汗的概念。
25. 药材的防霉措施，主要是控制库房的湿度在（　　）。
A. 75%～80%　B. 65%～70%
C. 60%～65%　D. 55%～60%
E. 45%～50%
参考答案：B
答案解析：药材的防霉措施，主要是控制库房的湿度在 65%～70%为宜。

26. 含淀粉多的生药，易（　　）。
A. 霉变　　B. 虫蛀　　C. 泛油
D. 风化　　E. 变色
参考答案：B
答案解析：药材因含淀粉、蛋白质、脂肪和糖类，易成为害虫良好的滋生地。

27. 某些生药在储藏过程中，受温度、湿度影响颜色发生改变的现象称为（　　）。
A. 霉变　　B. 虫蛀　　C. 泛油
D. 风化　　E. 变色
参考答案：E
答案解析：生药变质现象中的变色的概念。

28. 某些生药在储藏过程中，因受潮、变色后表面泛出油样物质的现象称为（　　）。
A. 霉变　　B. 虫蛀　　C. 泛油
D. 风化　　E. 变色
参考答案：C
答案解析：生药变质现象中的泛油的概念。

29. 我国第一部炮制专著是（　　）。
A.《雷公炮炙论》　　B.《炮炙大法》
C.《本草蒙筌》　　D.《修事指南》
E.《新修本草》
参考答案：A
答案解析:《雷公炮炙论》为第一部炮制专著,《炮炙大法》为第二部炮制专著,《新修本草》将炮制列为法定内容,《本草蒙筌》指出辅料的作用,《修事指南》对历代医家的炮制方法及经验进行了系统整理及总结。

30. 生药质量控制的首要环节是（　　）。
A. 基源鉴定　　B. 性状鉴定
C. 显微鉴定　　D. 理化鉴定
E. DNA 分子鉴定
参考答案：A
答案解析：基源鉴定是生药质量控制的首要环节。

31. 影响生药品质的因素中，属于人为因素的是（　　）。
A. 生长发育　　B. 遗传变异　　C. 土壤
D. 炮制方法　　E. 生药品种
参考答案：D
答案解析：影响生药品质的自然因素包括生药的品种、生长发育、遗传变异及环境因素，土壤属于环境因素。

32. 下列不属于“云药”的一组是（　　）。
A. 诃子、云木香、云黄连
B. 云当归、坚龙胆、儿茶
C. 冬虫夏草、云茯苓、天麻
D. 槟榔、半夏、蛤蚧
E. 山药、玄参、党参
参考答案：E
答案解析：略。

33. 下列被称为“秦药”的是（　　）。
A. 黄芩　　B. 甘草　　C. 当归
D. 金银花　　E. 黄芪
参考答案：C
答案解析：“秦药”为秦艽、秦归、秦皮。

B 型题（配伍选择题）

[1～5]
A. 鹦哥嘴　　B. 蚯蚓头
C. 狮子盘头　　D. 马头蛇尾瓦楞身
E. 芦长碗密枣核艼
1. 海马的外形为（　　）。
2. 冬麻的顶芽称（　　）。
3. 党参的根头部有（　　）。
4. 山参的主要特征是（　　）。
5. 防风的根茎部分称（　　）。
参考答案：1. D　2. A　3. C　4. E　5. B
答案解析：生药性状鉴定中，对于生药形状的描述，不同的生药，有其固有的经验鉴别术语。

[6～10]
A. 朱砂点　　B. 小亮星　　C. 云锦纹
D. 菊花心　　E. 银色胶丝
6. 杜仲断面有（　　）。
7. 茅苍术断面有（　　）。
8. 黄芪断面有（　　）。
9. 厚朴断面有（　　）。
10. 何首乌断面有（　　）。
参考答案：6. E　7. A　8. D　9. B　10. C
答案解析：不同生药的断面特征的经验鉴别。

X 型题（多项选择题）

1. 属于真菌类生药的是（　　）。
A. 灵芝　　B. 茯苓　　C. 冬虫夏草
D. 海金沙　　E. 紫杉
参考答案：ABC
答案解析：海金沙为蕨类植物门生药，紫杉为裸子植物门生药。

2. 按药用部位分类时，属于根及根茎类生药的是（　　）。
A. 附子　　B. 马钱子　　C. 大黄
D. 防己　　E. 青蒿
参考答案：ACD
答案解析：附子与防己药用部位为根，大黄药用部位为根及根茎，马钱子药用部位为种子，青蒿药用部位为地上部分为全草类。

3. 以下属于生药的性状鉴别的有（ ）。
A. 形状 B. 大小 C. 断面
D. 质地 E. 水试
参考答案：ABCDE
答案解析：性状鉴别包括生药的形状、大小、表面、断面、颜色、质地、气味、水试、火试等。
4. 下列生药，以味甜为好的是（ ）。
A. 黄连 B. 党参 C. 甘草
D. 山楂 E. 乌梅
参考答案：BC
答案解析：黄连以味苦为好，山楂、乌梅以味酸为好。
5. 下列与表面特征描述相关的是（ ）。
A. 粗糙 B. 毛茸及附属物
C. 皮孔 D. 松泡 E. 粉性
参考答案：ABC
答案解析：松泡、粉性描述的是生药的质地。
6. 以下属于生药的显微鉴定的有（ ）。
A. 组织构造特征 B. 粉末特征
C. 细胞形态 D. 后含物
E. 微量升华
参考答案：ABCD
答案解析：微量升华属于理化鉴别。
7. 在生药的鉴定中，属于色谱法的有（ ）。
A. HPLC B. TLC C. PCR
D. UV E. GC
参考答案：ABE
答案解析：HPLC 指高效液相色谱法，TLC 指薄层色谱法，GC 指气相色谱法。
8. 下列关于 DNA 分子标记鉴定的说法，正确的是（ ）。
A. DNA 的遗传稳定性使得该方法更为准确可靠
B. 该方法不受外界因素和生物发育阶段的影响
C. 可直接检测 DNA 分子上的差异
D. 具有特异性强、稳定性好、微量、准确的特点
E. 不适合陈旧标本的鉴定
参考答案：ABCD
答案解析：DNA 分子具有较高的遗传稳定性和化学稳定性，即便是陈旧标本所保存下来的 DNA 仍可以用于 DNA 分子标记鉴定。
9. 生药最佳采收期的确定，应考虑以下因素（ ）。
A. 有效成分含量 B. 药材产量
C. 毒性成分含量 D. 药材外观形状
E. 药材是否成熟
参考答案：ABC
答案解析：生药应适时采收，采收时既要有效成分总产量最高（与有效成分含量、药材产量相关），也要含毒性成分的药材的毒性成分含量最低。
10. 晒干法不适用于下列哪些药材的干燥（ ）。
A. 肉质根类 B. 含挥发油的药材
C. 暴晒易变色的药材 D. 暴晒易变质的药材
E. 晒后易开裂的药材
参考答案：BCDE
答案解析：肉质根类适用于晒干法干燥。
11. 生药常用的产地加工的方法是（ ）。
A. 拣、洗 B. 蒸、煮、烫 C. 去皮
D. 去毛 E. 干燥
参考答案：ABCDE
答案解析：略。
12. 产地加工时，需要发汗的生药有（ ）。
A. 续断 B. 茯苓 C. 玄参
D. 杜仲 E. 厚朴
参考答案：ABCDE
答案解析：略。
13. 下列药材久储易风化的是（ ）。
A. 明矾 B. 芒硝 C. 冰片
D. 麦角 E. 松香
参考答案：AB
答案解析：冰片久储易挥发，麦角久储易分解，松香久储溶解度降低。
14. 适宜在花蕾期采收的生药是（ ）。
A. 红花 B. 金银花 C. 辛夷
D. 丁香 E. 槐米
参考答案：BCDE
答案解析：红花为花开后花色由黄变红时采收。
15. 中药材炮制的目的是（ ）。
A. 增强药物疗效
B. 消除或降低不良反应
C. 缓和、增强或改变药物性能
D. 矫味矫臭
E. 提高纯净度以利于储运
参考答案：ABCDE
答案解析：略。
16. “四大怀药”包括（ ）。
A. 地黄 B. 菊花 C. 山药
D. 牛膝 E. 党参
参考答案：ABCD
答案解析：略。
17. “浙八味”包括（ ）。
A. 白术、白芍 B. 玄参、延胡索

C. 菊花、麦冬　　　D. 温郁金、浙贝母
E. 白芷、薄荷
参考答案：ABCD
答案解析：略。
18. 生药质量控制的依据有（　　）。
A. 《中国药典》
B. 局颁标准
C. 地方标准
D. 企业标准
E. 《中药词典》
参考答案：ABC
答案解析：生药质量控制的三级标准。

二、填空题

1. 常见的药用部位的拉丁名，根是________，根茎是________，茎是________，树皮是________，叶是________，花是________，果实是________，种子是________。
参考答案：*Radix*、*Rhizoma*、*Caulis*、*Cortex*、*Folium*，*Flos*，*Fructus*，*Semen*
2. 测定生药水分含量常用的方法有________和________。对含挥发性成分的贵重生药，则采用________。
参考答案：烘干法 甲苯法 减压干燥法
3. 生药挥发油测定常用的方法有两种，挥发油相对密度小于 1.0 的，采用______，挥发油相对密度大于 1.0 的，采用______。
参考答案：甲法 乙法
4. 生药干燥的方法通常有________、________和________。近些年来应用较多的干燥新技术有________、________。
参考答案：晒干法 阴干法 烘干法 远红外线干燥 微波干燥
5. 生药质量控制的依据，一级为________，二级为________，三级为________。
参考答案：《中国药典》局颁标准 地方标准

三、名词解释

1. 正品
参考答案：法定标准（《中国药典》、部颁标准、地方标准）规定的法定品种。
2. 伪品
参考答案：无正品功用，或与法定标准不相符合，或以非药品充药品，以他种药品冒充此种药品。
3. 道地药材
参考答案：经过中医临床长期应用优选出来的，在特定的地域，经过特定的生产过程所产的，较在其他地方所产的同种药材品质佳、疗效好，具有较高知名度的药材。

四、判断题

1. 细辛按药用部位分类属于根及根茎类药材，按功效分类属于解表药。（　　）
参考答案：√
答案解析：略。
2. 大黄按化学成分分类属于含生物碱类生药，按功效分类属于泻下药。（　　）
参考答案：×
答案解析：大黄按化学成分分类属于含蒽醌类的生药。
3. 黄连、黄柏以味苦为好。（　　）
参考答案：√
答案解析：略。
4. 黄芩变绿是炮制改变药性的结果，不影响药材的质量。（　　）
参考答案：×
答案解析：黄芩变绿是由于保管或加工不当，黄芩苷水解为葡萄糖醛酸和黄芩素，黄芩素易氧化成醌类而显绿色，黄芩变绿后质量降低。
5. 秦皮水浸，浸出液呈天蓝的荧光。（　　）
参考答案：√
答案解析：略。
6. 海金沙易点燃，有闪光，无爆鸣声。（　　）
参考答案：×
答案解析：海金沙易点燃且伴有爆鸣声和闪光。
7. 生药最佳采收期的确定，以药材质量的最优化和产量的最大化为原则。（　　）
参考答案：√
答案解析：略。
8. 企业标准是生药质量控制的最基本的依据。（　　）
参考答案：×
答案解析：生药质量控制的依据是《中国药典》、部颁标准和地方标准。

五、问答题

1. 生药在储藏过程中常见的变质现象有哪些？如何防范？
参考答案：

变质现象	防范措施
霉变	控制库房湿度在 65%～70%，药材含水量保持 15%以下
虫蛀	物理方法：暴晒、烘烤，低温冷藏，密封 化学方法：低剂量磷化铝熏蒸；低毒高效杀虫剂

续表

变质现象	防范措施
变色	干燥、避光、冷藏
泛油	冷藏、避光
风化	避免久储
挥发	密封，避光、避风

2. 影响生药品质的因素有哪些?

参考答案:

影响生药质量的因素有自然因素和人为因素。自然因素包括生药的品种，植物的遗传与变异，植物的生长发育，植物的环境因素等。人为因素主要有生药的栽培、采收、加工、炮制、储藏等。

药用植物分类和植物类重要生药

一、选择题

A 型题（最佳选择题）

1. 下列为原核生物的是（　　）。

A. 海带　　B. 紫菜

C. 螺旋藻　　D. 琼枝

E. 石莼

参考答案：C

答案解析：蓝藻门植物为原核生物，螺旋藻来自蓝藻门，海带来自褐藻门，紫菜和琼枝来自红藻门，石莼来自绿藻门。

2. 下列为异养生物的是（　　）。

A. 海藻　　B. 茯苓

C. 桫椤　　D. 苏铁

E. 三白草

参考答案：B

答案解析：真菌为异养生物，茯苓来自真菌界，海藻来自藻类植物，桫椤来自蕨类植物门，苏铁来自裸子植物门，三白草来自被子植物门，均有光合作用色素。

3. 容纳子实体的褥座是（　　）。

A. 菌丝体　　B. 子实体

C. 菌核　　D. 根状菌索

E. 子座

参考答案：E

答案解析：组成一个菌体的全部菌丝称菌丝体；高等真菌在繁殖时期形成的能产生孢子的结构称子实体；真菌为渡过不良环境由菌丝体密结成颜色较深、质地坚硬的核状休眠体，称菌核；菌丝体密结成绳索状的休眠体为根状菌索。

4. 卷曲折叠成团状，全体黑褐色或绿褐色，表面附有白霜，用水浸软呈扁平长带状，中部厚，边缘薄，类革质，为（　　）。

A. 昆布　　B. 茯苓

C. 云芝　　D. 海带

E. 马勃

参考答案：D

答案解析：易混选项为 A，昆布全体呈黑色，较薄，质柔滑。茯苓、云芝、马勃均为真菌类药材，性状非题干所述。

5. 下列冬虫夏草性状特征的描述，错误的是（　　）。

A. 虫体似蚕

B. 表面有横环纹 20～30 条

C. 腹部有足 8 对，中部 4 对明显

D. 质脆易断，断面略平坦

E. 头部红棕色，生多数子座

参考答案：E

答案解析：冬虫夏草子座单一。

6. 冬虫夏草子座横切面的特征描述，正确的是（　　）。

A. 子囊壳近表面生

B. 2 列子囊壳

C. 子囊壳内有多数卵形子囊

D. 子囊孢子为肾形

E. 中央有少量菌丝，其间有多数裂隙

参考答案：A

答案解析：冬虫夏草子囊壳 1 列，近表面生，子囊与子囊孢子均为线形，中央充满菌丝。

7. 药用部位为子实体的是（　　）。

A. 灵芝　　B. 冬虫夏草

C. 茯苓　　D. 雷丸

E. 麦角菌

参考答案：A

答案解析：选项中各药材的药用部位，冬虫夏草为虫体与子座，茯苓、雷丸、麦角为菌核。

8. 茯苓中央抱有松根者，称为（　　）。

A. 茯苓个　　B. 茯神

C. 赤茯苓　　D. 白茯苓

E. 茯苓块

参考答案：B

答案解析：茯苓个为茯苓菌核堆置发汗后，阴干的个子药材；茯苓个去皮后，切成方形或长方形块状者为茯苓块，内部显淡红色者为赤茯苓，切去赤茯苓后的白色部分为白茯苓。

9. 下列关于地衣植物的说法，错误的是（　　）。

A. 藻菌共生体

B. 从水生到陆生的先锋植物

C. 产生孢子繁殖

D. 有组织分化

E. 对二氧化硫敏感，是大气指示剂

参考答案：D

答案解析：地衣植物是一类低等植物，内部构造中无组织分化。

10. 下列关于蕨类植物的说法，正确的是（　　）。

A. 具有假根
B. 茎通常为根状茎
C. 叶大型
D. 孢子体绿色小型，生活时间短
E. 配子体寄生在孢子体上
参考答案：B
答案解析：蕨类植物的根为不定根，茎通常为根状茎，叶有大型叶和小型叶之分，配子体绿色小型，生活时间短，孢子体发达，孢子体与配子体均能独立生活。

11. 蕨类植物的叶（　　）。
A. 幼时拳卷　B. 具网状脉序
C. 不具叶柄　D. 均能产生孢子
E. 为鳞片状
参考答案：A
答案解析：蕨类植物的叶幼时拳卷，大型叶具叶柄，脉序为二叉脉序，营养叶和孢子叶形态不同的种类，营养叶不产生孢子。

12. 绵马贯众的入药部位为（　　）。
A. 根　B. 茎
C. 叶　D. 根茎
E. 根茎及叶柄残基
参考答案：E
答案解析：略。

13. 根茎薄壁组织中有间隙腺毛的是（　　）。
A. 绵马贯众　B. 延胡索
C. 黄连　D. 大黄
E. 天麻
参考答案：A
答案解析：薄壁组织细胞间隙内生单细胞间隙腺毛是绵马贯众的一个重要显微鉴别特征。

14. 绵马贯众根茎横切面的维管束为（　　）。
A. 2～4 个，“八”字形
B. 1 个，“U”字形
C. 5～13 个，环列
D. 8～10 个，环列
E. 12～15 个，散列
参考答案：C
答案解析：分体中柱 5～13 个，环列，是绵马贯众的另一个重要显微鉴别特征。

15. 具扇形叶、二叉脉序的植物是（　　）。
A. 枇杷　B. 狭叶番泻
C. 桑　D. 银杏
E. 麦冬
参考答案：D
答案解析：叶扇形、二叉脉序，是银杏的重要鉴定特征。枇杷、狭叶番泻、桑为网状脉序，麦冬为平行脉序。

16. 麻黄的药用部位是（　　）。
A. 叶　B. 地上部分
C. 草质茎　D. 根
E. 全草
参考答案：C
答案解析：麻黄为麻黄科植物草麻黄、中麻黄或木贼麻黄的干燥草质茎。

17. 红豆杉属植物中含有的（　　）对白血病、卵巢癌均有明显疗效，作为治疗卵巢癌药物已正式应用于临床。
A. 麻黄碱　B. 三尖杉酯碱
C. 高三尖杉酯碱　D. 双黄酮
E. 紫杉醇
参考答案：E
答案解析：略。

18. 裸子植物区别于其他植物的最主要的特征是（　　）。
A. 具颈卵器　B. 有维管束
C. 产生种子　D. 种子裸露
E. 具有果实
参考答案：D
答案解析：裸子植物因其种子是裸露的而得名，其他植物无此特征。

19. 白果可食用的部分是（　　）。
A. 种仁　B. 肉质外种皮
C. 骨质中种皮　D. 膜质内种皮
E. 果皮
参考答案：A
答案解析：白果为银杏的种子，种子核果状，可食部分为种仁。

20. 麻黄的最佳采收期是（　　）。
A. 1～2 月　B. 4～5 月
C. 5～7 月　D. 9～10 月
E. 11～12 月
参考答案：D
答案解析：略。

21. 麻黄粉末镜检，可见其气孔特异，保卫细胞呈（　　）。
A. 半月形　B. 哑铃形
C. 念珠形　D. 椭圆形
E. 多角形
参考答案：B
答案解析：麻黄保卫细胞呈哑铃形或电话听筒形。

22. 麻黄的生物碱主要存在于麻黄的草质茎的（　　）。
A. 髓部　B. 木质部

C. 韧皮部　　D. 皮层
E. 表皮
参考答案：A
答案解析：略。
23. 麻黄皮层纤维的细胞壁上嵌有（　　）。
A. 钟乳体　　B. 柱晶
C. 砂晶或小方晶　　D. 针晶
E. 簇晶
参考答案：C
答案解析：麻黄皮层纤维的细胞壁上嵌有砂晶或小方晶，形成嵌晶纤维。
24. 生药麻黄的药用原植物横切面中维管束数目为 8～10 个的是（　　）。
A. 草麻黄与木贼麻黄
B. 草麻黄与中麻黄
C. 中麻黄与木贼麻黄
D. 草麻黄与丽江麻黄
E. 丽江麻黄与木贼麻黄
参考答案：A
答案解析：草麻黄与木贼麻黄的横切面维管束数目为 8～10 个，中麻黄为 12～15 个，丽江麻黄不是麻黄的药用原植物。
25. 下列植物具有乳汁，且果实为聚花果的是（　　）。
A. 睡莲科　　B. 桑科
C. 罂粟科　　D. 桔梗科
E. 蔷薇科
参考答案：B
答案解析：睡莲科、罂粟科、桔梗科均具有乳汁，但果实不为聚花果；蔷薇科不具乳汁且果实为单果或聚合果。
26. 桑科植物的叶中常含（　　）。
A. 橙皮苷结晶　　B. 草酸钙晶体
C. 菊糖　　D. 碳酸钙晶体
E. 硅质块
参考答案：D
答案解析：略。
27. 细辛的药用原植物来自（　　）。
A. 马兜铃科　　B. 三白草科
C. 毛茛科　　D. 蓼科
E. 苋科
参考答案：A
答案解析：细辛来源于马兜铃科植物北细辛、汉城细辛或华细辛的干燥根及根茎。
28. 细辛的药用部位是（　　）。
A. 全草　　B. 地上部分
C. 根　　D. 根茎
E. 根及根茎
参考答案：E
答案解析：同 27. 题。
29. 关于马兜铃的说法，错误的是（　　）。
A. 药用部位为果实
B. 果实成熟易裂为 6 瓣
C. 长期使用可致肾衰竭
D. 果实为蓇葖果
E. 来自马兜铃科
参考答案：D
答案解析：马兜铃为蒴果。
30. 下列为蓼科植物特征的是（　　）。
A. 多为木本，茎节膨大
B. 单叶对生
C. 膜质托叶鞘
D. 花多单生
E. 细胞中常含草酸钙方晶
参考答案：C
答案解析：蓼科植物多为草本，茎节膨大，单叶互生，膜质托叶鞘，花多排成穗状、圆锥状或头状花序，细胞中常含草酸钙簇晶。
31. 大黄的化学成分主要是（　　）。
A. 生物碱类　　B. 蒽醌类
C. 皂苷类　　D. 挥发油类
E. 黄酮类
参考答案：B
答案解析：大黄的主要化学成分为游离蒽醌类和结合蒽醌类。
32. 药材断面淡红棕色或黄棕色，颗粒性，根茎髓部有星点的是（　　）。
A. 白芍　　B. 川乌
C. 何首乌　　D. 三七
E. 大黄
参考答案：E
答案解析：白芍断面类白色，角质样，平坦；川乌断面类白色；何首乌断面淡红棕色，粉性，具云锦纹；三七断面灰绿色、黄绿色或灰白色。
33. 粉末中可见大型簇晶及网纹导管的生药是（　　）。
A. 大黄　　B. 黄连
C. 甘草　　D. 柴胡
E. 黄芩
参考答案：A
答案解析：大黄粉末特征：粉末黄棕色，具大型簇晶、大型具缘纹孔导管和网纹导管，淀粉粒甚多。
34. 生药大黄的异型维管束存在于（　　）。

A. 根的皮层
B. 根茎的髓部
C. 根茎的韧皮部
D. 根的木质部
E. 根及根茎的木栓层
参考答案：B
答案解析：大黄的异型维管束存在于根茎髓部。
35. 正品大黄的断面在紫外灯下显（　　）。
A. 亮蓝紫色荧光
B. 黄色荧光
C. 浓棕色荧光
D. 红色荧光
E. 绿色荧光
参考答案：C
答案解析：大黄的混淆品藏边大黄、河套大黄、华北大黄、天山大黄均含土大黄苷类成分，其断面在紫外灯下显亮蓝紫色荧光；正品大黄不含土大黄苷类成分，其断面在紫外灯下显浓棕色荧光。
36. 生药何首乌的异型维管束存在于（　　）。
A. 木栓层　　B. 皮部
C. 木质部　　D. 髓部
E. 栓内层
参考答案：B
答案解析：何首乌的异型维管束存在于根的韧皮部外侧的皮部。
37. 制首乌的炮制方法是用（　　）把生何首乌拌匀，蒸或炖成制首乌。
A. 黄酒　　B. 白醋
C. 蜂蜜　　D. 黑豆汁
E. 盐水
参考答案：D
答案解析：略。
38. 根茎髓中有隔或呈空洞状的是（　　）。
A. 大黄　　B. 何首乌
C. 商陆　　D. 牛膝
E. 虎杖
参考答案：E
答案解析：略。
39. 断面中央有黄白色小木心，周围有2～4轮同心环状排列的黄白色点状异型维管束的生药是（　　）。
A. 大黄　　B. 牛膝
C. 细辛　　D. 川牛膝
E. 何首乌
参考答案：B
答案解析：易混选项为川牛膝，其异型维管束为4～11轮。
40. 牛膝的药用部位是（　　）。
A. 根　　B. 茎
C. 叶　　D. 根茎
E. 全草
参考答案：A
答案解析：牛膝为苋科植物牛膝的干燥根。
41. 牛膝的主产地为（　　）。
A. 云南　　B. 四川
C. 河南　　D. 浙江
E. 山西
参考答案：C
答案解析：牛膝主产于河南，为“四大怀药”之一。
42. 牛膝的断面呈（　　）。
A. 纤维性　　B. 角质样
C. 颗粒性　　D. 粉性
E. 片状分层
参考答案：B
答案解析：牛膝质硬脆，易折断，断面平坦，角质样。
43. 下列来源于石竹科的生药是（　　）。
A. 珠子参　　B. 党参
C. 丹参　　D. 孩儿参
E. 苦参
参考答案：D
答案解析：珠子参来源于五加科，党参来源于桔梗科，丹参来源于唇形科，苦参来源于豆科。
44. 多年生水生草本，根状茎粗大肥厚，聚合坚果，是下列哪一科的特征（　　）。
A. 泽泻科　　B. 香蒲科
C. 睡莲科　　D. 莎草科
E. 罂粟科
参考答案：C
答案解析：略。
45. 加工时置沸水中煮至透心，刮去外皮，该药材是（　　）。
A. 白芍　　B. 防己
C. 赤芍　　D. 延胡索
E. 黄连
参考答案：A
答案解析：白芍的采制。
46. 味连的药用原植物为（　　）。
A. 三角叶黄连　　B. 云南黄连
C. 峨眉黄连　　D. 日本黄连
E. 华黄连
参考答案：E
答案解析：云南黄连对应的商品品种是云连，三角叶黄连对应的商品品种是雅连。

47. 下列除哪项外，均为味连的性状特征(　　)。
A. 表面灰黄色，粗糙，有须根痕
B. 单枝，圆柱形，过桥长
C. 质坚硬，折断面不整齐
D. 木部鲜黄色，中央有髓
E. 味极苦
参考答案：B
答案解析：味连为多枝簇生。

48. 下列黄连粉末特征正确的是(　　)。
A. 分枝状石细胞和方晶
B. 纺锤形韧皮纤维和簇晶
C. 鲜黄色木纤维和针晶
D. 长方形的鳞叶表皮细胞和鲜黄色石细胞
E. 长方形鳞叶表皮细胞和针晶
参考答案：D
答案解析：黄连粉末中有鲜黄色的石细胞、韧皮纤维、木纤维，韧皮纤呈维纺锤形，鳞叶表皮细胞略呈长方形，细胞壁微波状弯曲。

49. 黄连的主要成分为(　　)。
A. 小檗碱　　B. 挥发油
C. 皂苷　　D. 强心苷
E. 黄酮
参考答案：A
答案解析：黄连含多种异喹啉型生物碱，以小檗碱为主。

50. 取黄连粉末加稀盐酸或30%的硝酸1滴，片刻后镜检，可见(　　)。
A. 蓝色荧光
B. 紫色韧皮纤维
C. 黄色针状结晶簇
D. 红色石细胞
E. 无变化
参考答案：C
答案解析：检查小檗碱的盐酸盐或硝酸盐。

51. 多为单枝，弯曲细小，过桥较短或无的是(　　)。
A. 味连　　B. 雅连
C. 云连　　D. 三角叶黄连
E. 华黄连
参考答案：C
答案解析：单枝的为雅连和云连，雅连过桥较长，云连过桥短或无。

52. 雅连的主产地为(　　)。
A. 云南　　B. 贵州
C. 西藏　　D. 湖南
E. 四川
参考答案：E
答案解析：略。

53. 质坚实，不易折断，横断面较平坦，角质样，形成层环明显，木部射线放射状的生药是(　　)。
A. 白芍　　B. 牛膝
C. 三七　　D. 天麻
E. 防己
参考答案：A
答案解析：断面角质样的有白芍、牛膝和天麻，牛膝和天麻形成层环不明显，木部射线亦不明显。

54. 川乌中的剧毒成分为(　　)。
A. 双酯型二萜生物碱
B. 单酯型二萜生物碱
C. 乌头胺
D. 苯甲酰乌头碱
E. 消旋去甲乌药碱
参考答案：A
答案解析：略。

55. 川乌的横切面的多角形环纹是(　　)。
A. 外皮层　　B. 中皮层
C. 内皮层　　D. 形成层
E. 中柱鞘
参考答案：D
答案解析：川乌的横切面可见多角形的形成层环纹。

56. 下列川乌的横切面显微特征，错误的是(　　)。
A. 木质部导管排列呈“V”字形
B. 髓部明显
C. 形成层环近圆形
D. 韧皮部宽阔
E. 后生皮层细胞壁木栓化
参考答案：C
答案解析：川乌的形成层环纹为多角形。

57. 淫羊藿来源于(　　)。
A. 防己科　　B. 小檗科
C. 毛茛科　　D. 五加科
E. 十字花科
参考答案：B
答案解析：淫羊藿来源于小檗科植物心叶淫羊藿、箭叶淫羊藿、柔毛淫羊藿、朝鲜淫羊藿的干燥叶。

58. 淫羊藿的药用部位是(　　)。
A. 地上部分　　B. 全草
C. 叶　　D. 根茎
E. 花
参考答案：C

答案解析：同 57. 题。

59. 下列关于淫羊藿的说法正确的是（　　）。

A. 药用原植物的叶为单叶

B. 叶为全缘叶

C. 叶为等面叶

D. 主要化学成分为生物碱类

E. 能补肾阳，强筋骨，祛风湿

参考答案：E

答案解析：淫羊藿的 4 种药用原植物的叶均为复叶，心叶淫羊藿与朝鲜淫羊藿为二回三出复叶，箭叶淫羊藿与柔毛淫羊藿为一回三出复叶，叶缘均有锯齿，叶的上表面内方为栅栏组织，下表面内方为海绵组织，为异面叶。淫羊藿主要含黄酮类。

60. 关木通来源于（　　）。

A. 马兜铃科　　B. 木通科

C. 毛茛科　　D. 蔷薇科

E. 小檗科

参考答案：A

答案解析：关木通来源于马兜铃科植物东北马兜铃的干燥藤茎。

61. 药材呈不规则圆柱形或半圆柱形，结节状弯曲，形如 “猪大肠” 状的是（　　）。

A. 黄连　　B. 防己

C. 川牛膝　　D. 木通

E. 北豆根

参考答案：B

答案解析：略。

62. 防己横断面特征是（　　）。

A. 平坦，富粉性，具有星点

B. 不平坦，颗粒性，车轮纹

C. 平坦，富粉性，车轮纹

D. 平坦，富粉性，云锦纹

E. 不平坦，颗粒性，同心环纹

参考答案：C

答案解析：防己横断面导管束呈放射状排列，称车轮纹。

63. 木本植物，托叶环明显，体内有油细胞有香气的科是（　　）。

A. 樟科　　B. 蓼科

C. 桑科　　D. 芸香科

E. 木兰科

参考答案：E

答案解析：樟科与芸香科无托叶环，桑科无油细胞，蓼科为草本且无油细胞。

64. 厚朴粉末镜检，可见（　　）。

A. 分枝状石细胞

B. 黏液细胞

C. 晶纤维

D. 嵌晶纤维

E. 乳汁管

参考答案：A

答案解析：厚朴粉末镜检可见分枝状石细胞，类圆形、类多角形石细胞，韧皮纤维束，油细胞，筛管和筛孔，偶见木栓细胞和小方晶。

65. 下列生药粉末镜检具有油细胞和分枝状石细胞的是（　　）。

A. 黄柏　　B. 厚朴

C. 肉桂　　D. 黄连

E. 五味子

参考答案：B

答案解析：黄柏无油细胞，肉桂和五味子无分枝状石细胞，黄连无分枝状石细胞及油细胞。

66. 断面外侧颗粒性，内侧纤维性的生药是（　　）。

A. 黄柏　　B. 杜仲

C. 厚朴　　D. 肉桂

E. 桑白皮

参考答案：C

答案解析：黄柏断面纤维性且呈裂片状分层，杜仲断面有银色胶丝相连，肉桂断面颗粒性，桑白皮断面纤维性。

67. 呈筒状或双卷筒状的厚朴干皮称为（　　）。

A. 鸡肠朴　　B. 枝朴

C. 靴筒朴　　D. 筒朴

E. 温朴

参考答案：D

答案解析：厚朴的根皮称为鸡肠朴，枝皮称为枝朴，近根部干皮一端展开如喇叭口称靴筒朴，产于浙江者称温朴。

68. 产于（　　）省的厚朴质量最佳，称 “紫油厚朴”。

A. 四川、江苏　　B. 江苏、湖北

C. 四川、浙江　　D. 浙江、江苏

E. 四川、湖北

参考答案：E

答案解析：略。

69. 厚朴断面的小亮星是（　　）。

A. 碳酸钙结晶　　B. 草酸钙结晶

C. 菊糖　　D. 橙皮苷结晶

E. 厚朴酚与和厚朴酚结晶

参考答案：E

答案解析：略。

70. 下列关于辛夷的药用部位和来源的科正确的

是（　　）。
A. 开放的花，木兰科
B. 花序，菊科
C. 管状花，菊科
D. 花蕾，木兰科
E. 柱头，鸢尾科
参考答案：D
答案解析：辛夷来源于木兰科植物望春花、玉兰、武当玉兰的干燥花蕾。

71. 五味子的栅状石细胞存在于（　　）。
A. 外果皮　　B. 中果皮
C. 内果皮　　D. 种皮外层
E. 种皮内层
参考答案：D
答案解析：五味子种皮最外层为1层栅状石细胞。

72. 五味子主产于（　　）。
A. 安徽、江苏、浙江
B. 辽宁、吉林、黑龙江
C. 河南、陕西、甘肃
D. 云南、四川、贵州
E. 湖北、湖南、江西
参考答案：B
答案解析：五味子主产于东北三省。

73. 关于生药肉桂，下列描述错误的是（　　）。
A. 来源于樟科
B. 外表面有灰色地衣斑
C. 薄壁细胞中含方晶
D. 主要化学成分为挥发油类
E. 性大热，能补火助阳，散寒止痛
参考答案：C
答案解析：肉桂射线细胞中含针晶。

74. 肉桂折断面呈（　　）。
A. 平坦　　B. 角质样
C. 片层状纤维性　　D. 颗粒性
E. 纤维性
参考答案：D
答案解析：肉桂质硬而脆，折断面颗粒性。

75. 肉桂折断面近外层有一条淡黄色的切向线纹，是（　　）。
A. 栓内层　　B. 内皮层
C. 形成层　　D. 韧皮部
E. 石细胞环带
参考答案：E
答案解析：肉桂横切面中柱鞘部位有石细胞群排列成近于连续的环带，即石细胞环带。

76. 下列生药粉末镜检具有油细胞和黏液细胞的是（　　）。
A. 黄柏　　B. 厚朴
C. 肉桂　　D. 姜
E. 五味子
参考答案：C
答案解析：黄柏无油细胞，厚朴和五味子无黏液石细胞，姜无黏液细胞只有油细胞。

77. 延胡索主产于（　　）。
A. 浙江　　B. 安徽
C. 江苏　　D. 山东
E. 湖南
参考答案：A
答案解析：延胡索主产于浙江东阳、磐安。

78. 关于延胡索的说法错误的是（　　）。
A. 来源于罂粟科
B. 根入药
C. 表面有不规则网状皱纹
D. 为不规则扁球形
E. 底部有数个圆锥状小凸起
参考答案：B
答案解析：延胡索的入药部位为块茎。

79. 南板蓝根的药用原植物是（　　）。
A. 十字花科菘蓝
B. 蓼科植物蓼蓝
C. 爵床科植物马蓝
D. 十字花科植物芥蓝
E. 马鞭草科植物路边青
参考答案：C
答案解析：南板蓝根为爵床科植物马蓝的干燥根茎和根。

80. 质脆易折断，断面有银白色橡胶丝相连的生药是（　　）。
A. 肉桂　　B. 黄柏
C. 牡丹皮　　D. 杜仲
E. 厚朴
参考答案：D
答案解析：略。

81. 生药杜仲的药用部位是（　　）。
A. 根　　B. 根皮
C. 茎　　D. 叶
E. 树皮
参考答案：E
答案解析：杜仲为杜仲科植物杜仲的干燥树皮。

82. 苦杏仁加水共研有特殊香气，是因为产生了（　　）。
A. 氢氰酸　　B. 苯甲醛
C. 葡萄糖　　D. 苦杏仁苷
E. 油脂

参考答案：B
答案解析：苦杏仁加水共研，有苯甲醛香气。
83. 果实类药材，类球形，表面深红色，有光泽，具有细小白色斑点的是（　　）。
A. 山楂　　B. 木瓜
C. 栀子　　D. 五味子
E. 山茱萸
参考答案：A
答案解析：略。
84. 粉末镜检，可见石细胞、簇晶和方晶的是（　　）。
A. 黄柏　　B. 甘草
C. 大黄　　D. 山楂
E. 黄连
参考答案：D
答案解析：黄柏、黄连中可见石细胞、方晶，无簇晶；大黄可见簇晶，无石细胞、方晶；甘草可见方晶，无簇晶、石细胞。
85. 山楂中其消食导滞功效的成分为（　　）。
A. 生物碱类　　B. 黄酮类
C. 有机酸类　　D. 皂苷类
E. 山楂三萜酸
参考答案：C
答案解析：黄酮类为防治心血管病和降脂的有效成分，山楂三萜酸为降血压、降血脂和强心的有效成分。
86. 苦杏仁捣碎，置试管中，加几滴水使湿润，试管中悬挂一条用碳酸钠溶液湿润的三硝基苯酚试纸条，用软木塞塞紧，温水浴 10 分钟，试纸显（　　）。
A. 绿色　　B. 黄色
C. 蓝色　　D. 紫色
E. 砖红色
参考答案：E
答案解析：苦味酸钠反应。
87. 山楂主产于（　　）。
A. 山东　　B. 山西
C. 河南　　D. 河北
E. 云南
参考答案：A
答案解析：略。
88. 下列不是豆科植物特征的是（　　）。
A. 根部常有根瘤
B. 多具托叶或叶枕
C. 常呈二强雄蕊
D. 单雌蕊
E. 荚果
参考答案：C
答案解析：豆科常为二体雄蕊。
89. “绵芪”主产于（　　）。
A. 黑龙江　　B. 山西
C. 甘肃　　D. 内蒙古
E. 河北
参考答案：B
答案解析：黄芪产于山西绵山者称为“绵芪”或“西黄芪”，产于黑龙江、内蒙古者称为“北黄芪”。
90. 气微，味微甜，嚼之有豆腥味的生药是（　　）。
A. 葛根　　B. 甘草
C. 山豆根　　D. 黄芪
E. 番泻叶
参考答案：D
答案解析：葛根味淡，甘草味甜，山豆根味极苦有豆腥味，番泻叶味微苦稍有黏性。
91. 下列不是黄芪粉末特征的是（　　）。
A. 纤维多成束
B. 具缘纹孔导管无色或橙黄色
C. 木栓细胞淡黄绿色
D. 石细胞众多
E. 淀粉粒众多
参考答案：D
答案解析：黄芪石细胞少见。
92. 关于黄芪的说法，错误的是（　　）。
A. 能补气固表
B. 药用原植物蒙古黄芪为膜荚黄芪的变种
C. 含皂苷类、多糖类、黄酮类
D. 老根中心多枯朽或空洞状
E. 红芪为黄芪的炮制品
参考答案：E
答案解析：红芪为多序岩黄芪的干燥根。
93. 圆柱形，表面红棕色，质坚实而重，断面纤维性、粉性的生药是（　　）。
A. 葛根　　B. 甘草
C. 白芍　　D. 黄芪
E. 板蓝根
参考答案：B
答案解析：葛根表面黄白色或淡棕色，黄芪表面淡棕色，白芍断面角质样，板蓝根表面灰黄色。
94. 甘草的甜味成分为（　　），亦是甘草发挥解毒作用的主要成分。
A. 甘草皂苷　　B. 甘草苷
C. 甘草酸　　D. 甘草次酸
E. 异甘草苷
参考答案：A

答案解析：略。

95. 关于番泻叶的说法，正确的是（　　）。
A. 主产于我国广西
B. 药用原植物狭叶番泻为单叶
C. 叶肉组织为等面叶型
D. 狭叶番泻两面均有细短毛茸
E. 组织构造中含嵌晶纤维
参考答案：C
答案解析：狭叶番泻主产印度，尖叶番泻主产埃及，狭叶番泻与尖叶番泻均为羽状复叶，狭叶番泻上下表面均无毛或近于无毛，尖叶番泻两面均有细短毛茸，组织构造中含晶纤维。

96. 不宜作为药用的番泻叶种类是（　　）。
A. 狭叶番泻　　B. 尖叶番泻
C. 卵叶番泻　　D. 耳叶番泻
E. 以上均是
参考答案：D
答案解析：耳叶番泻含蒽醌极少，不具泻下作用，不可供药用。

97. 下列关于黄柏的性状特征，错误的是(　　)。
A. 板片状或浅槽状
B. 外表面黄褐色或黄棕色
C. 内表面暗黄色或淡棕色，具细密纵皱纹
D. 体轻质硬，断面颗粒性
E. 味极苦，嚼之有黏性
参考答案：D
答案解析：黄柏断面纤维性，呈裂片状分层。

98. 关于黄柏的横切面显微特征，正确的是（　　）。
A. 栓内层较发达，厚
B. 皮层散有纤维束和石细胞群，石细胞多为类圆形
C. 韧皮部狭窄
D. 韧皮部纤维多单个散在
E. 黏液细胞随处可见
参考答案：E
答案解析：黄柏栓内层狭窄，皮层中的石细胞多为分枝状，韧皮部占树皮的大部分，韧皮纤维成束，切向排列呈断续层带。

99. 粉末镜检可见分枝状石细胞和晶纤维的生药是（　　）。
A. 黄柏　　B. 厚朴
C. 肉桂　　D. 甘草
E. 番泻叶
参考答案：A
答案解析：厚朴粉末有分枝状石细胞无晶纤维，肉桂无分枝状石细胞和晶纤维，甘草和番泻叶有晶纤维无分枝状石细胞。

100. 黄柏的药用部位是（　　）。
A. 根及根茎　　B. 树皮
C. 根皮　　D. 茎
E. 木材
参考答案：B
答案解析：黄柏为芸香科植物黄皮树的干燥树皮。

101. 药材粉末加入少量水中搅拌，液体因黏液之故呈胶状的是（　　）。
A. 黄连　　B. 黄芩
C. 黄柏　　D. 黄芪
E. 地黄
参考答案：C
答案解析：略。

102. 枳实为芸香科植物酸橙及其栽培变种或甜橙的干燥（　　）。
A. 成熟果实　　B. 未成熟果实
C. 幼果　　D. 外果皮
E. 中果皮
参考答案：C
答案解析：酸橙及其栽培变种的干燥未成熟果实入药为枳壳。

103. 乳香加水研磨，能形成（　　）色乳状液。
A. 白色　　B. 黄棕色
C. 绿色　　D. 蓝色
E. 红色
参考答案：A
答案解析：没药加水研磨，能形成黄棕色乳状液。

104. 加水研磨，能形成黄棕色乳状液的生药是（　　）。
A. 乳香　　B. 没药
C. 松香　　D. 血竭
E. 沉香
参考答案：B
答案解析：同 103. 题。

105. 乳香遇热变软，烧之（　　）。
A. 起油点似珠，香气四溢
B. 冒白烟
C. 遗留白色灰烬
D. 冒黑烟
E. 有松香气味
参考答案：D
答案解析：乳香烧之微有香气（但不应有松香气），冒黑烟，遗留黑色残渣。

106. 关于川楝子的说法，错误的是（　　）。
A. 来源于楝科植物
B. 药用部位为果实

C. 表面皱缩或略有凹陷，具红棕色小点
D. 外果皮薄，革质
E. 味酸，微甜
参考答案：E
答案解析：川楝子味酸苦。
107. 关于远志的说法，错误的是（　　）。
A. 药用部位为根
B. 圆柱形，稍弯曲
C. 质脆易折断，断面木质部易与皮部剥离
D. 去除木部者称为远志筒
E. 以陕西产量大，山西产者质量佳
参考答案：E
答案解析：以山西产量大，陕西产者质量佳。
108. 下列哪一项不是大戟科植物的特征(　　)。
A. 含有乳汁
B. 常有毒
C. 花两性，排列成隐头花序
D. 蒴果
E. 种子具胚乳
参考答案：C
答案解析：大戟科为单性花，排列成总状、穗状、聚伞或杯状聚伞花序。
109. 下列有剧毒的果实类药材是（　　）。
A. 马钱子　　B. 川乌
C. 蟾酥　　D. 巴豆
E. 山楂
参考答案：D
答案解析：马钱子为种子类药材，川乌为根类药材，蟾酥为动物类药材，山楂为果实类药材但无毒性。
110. 五倍子来源于（　　）植物的叶上虫瘿。
A. 漆树科　　B. 鼠李科
C. 大戟科　　D. 芸香科
E. 远志科
参考答案：A
答案解析：略。
111. 大枣的果实为（　　）。
A. 浆果　　B. 核果
C. 梨果　　D. 柑果
E. 蒴果
参考答案：B
答案解析：略。
112. 沉香来源于（　　）。
A. 菊科　　B. 豆科
C. 蔷薇科　　D. 藤黄科
E. 瑞香科
参考答案：E
答案解析：沉香来源于瑞香科植物白木香含树脂的木材。
113. 关于沉香的说法，错误的是（　　）。
A. 药用原植物白木香被列为国家二级保护植物
B. 全年均可采收
C. 薄壁细胞含草酸钙簇晶
D. 有木间韧皮部
E. 径向纵切面木射线为横向条带状
参考答案：C
答案解析：沉香的薄壁细胞中含草酸钙柱晶。
114. 下列为《中国药典》中丁香来源的是(　　)。
A. 桃金娘科植物丁香树的干燥花蕾
B. 桃金娘科植物丁香树的干燥果实
C. 桃金娘科植物丁香树的花蕾水蒸气蒸馏出的挥发油
D. 文鸟科动物麻雀的粪便
E. 木犀科植物紫丁香的干燥花蕾
参考答案：A
答案解析：B 选项为母丁香，C 选项为丁香油，D 选项在《滇南本草》中收录为白丁香，E 选项一般不做药材。
115. 丁香萼筒中部横切面上，皮层内方有 20～50 个小型（　　）断续排列成环。
A. 维管束　　B. 乳汁管
C. 黏液腔　　D. 树脂道
E. 导管
参考答案：A
答案解析：略。
116. 丁香萼筒薄壁细胞含有细小的草酸钙（　　）。
A. 方晶　　B. 簇晶
C. 针晶　　D. 砂晶
E. 柱晶
参考答案：B
答案解析：略。
117. 野山参的经验鉴别术语“芦长碗密枣核艼”中的“芦”和“碗”分别指人参的（　　）。
A. 不定根和须根痕
B. 根茎和不定根
C. 根茎和茎痕
D. 不定根和芽痕
E. 根茎和须根
参考答案：C
答案解析：略。
118. 人参粉末镜检，不可见（　　）。
A. 树脂道
B. 簇晶

C. 网纹导管和梯纹导管
D. 乳汁管
E. 淀粉粒
参考答案：D
答案解析：人参的组织结构中没有乳汁管。
119. 人参根的横切面的显微特征中，应无（ ）。
A. 木栓层　B. 韧皮部
C. 木质部　D. 射线
E. 髓部
参考答案：E
答案解析：人参根无髓部。
120. 表面红棕色，半透明质硬而脆，折断面平坦，角质样的是（ ）。
A. 生晒参　B. 红参
C. 糖参　D. 西洋参
E. 园参
参考答案：B
答案解析：略。
121. 三七的主根、根茎、支根可以加工成不同的商品，分别称为（ ）。
A. 筋条、剪口、三七头子
B. 剪口、三七头子、筋条
C. 三七头子、剪口、筋条
D. 三七头子、筋条、剪口
E. 剪口、筋条、三七头子
参考答案：C
答案解析：略。
122. 下列有关三七的性状特征，错误的是（ ）。
A. 表面灰褐色或灰黄色，有蜡样光泽
B. 顶端有茎痕，周围有瘤状突起
C. 体重质坚实
D. 断面皮部黄白色，木部黄色
E. 味苦回甜
参考答案：D
答案解析：三七断面灰绿色、黄绿色或灰白色。
123. 三七的止血成分是（ ）。
A. 三七素
B. 人参皂苷 Rb_1
C. 人参皂苷 Rg_1
D. 三七皂苷 R_1
E. 三七黄酮苷
参考答案：A
答案解析：略。
124. 能散瘀止血、消肿定痛的生药是（ ）。
A. 人参　B. 三七
C. 五加皮　D. 刺五加
E. 西洋参
参考答案：B
答案解析：略。
125. 五加皮的药用部位是（ ）。
A. 干皮　B. 枝皮
C. 根皮　D. 树皮
E. 根皮及干皮
参考答案：C
答案解析：五加皮为五加科植物细柱五加的干燥根皮。
126. 刺五加的药用部位是（ ）。
A. 根　B. 茎
C. 叶　D. 根及根茎或茎
E. 根茎
参考答案：D
答案解析：刺五加为五加科植物刺五加的干燥根及根茎或茎。
127. 以下生药除哪一项外均来源于伞形科（ ）。
A. 白术　B. 当归
C. 川芎　D. 羌活
E. 白芷
参考答案：A
答案解析：白术来源于菊科。
128. 当归采收加工的干燥方法是（ ）。
A. 阴干　B. 烟火慢慢熏干
C. 晒干　D. 烘干
E. 低温干燥
参考答案：B
答案解析：当归采挖后，除去地上茎、细小支根和泥沙，晾至半干，捆成小把，烟火慢慢熏干。
129. 当归粉末的主要特征是（ ）。
A. 石细胞成群
B. 树脂道内有黄色物质
C. 纤维成束
D. 韧皮薄壁细胞纺锤形，表面有微细斜向交错的纹理
E. 乳汁管
参考答案：D
答案解析：略。
130. 以下关于当归性状特征的描述，错误的是（ ）。
A. 略成圆柱形，表面黄棕色至棕褐色
B. 下部支根 3～5 条，多扭曲
C. 质柔韧，断面黄白色或淡黄棕色
D. 形成层环棕色

E. 微甜，有豆腥味
参考答案：E
答案解析：当归香气浓郁，味甘、辛、微苦。
131. 当归的道地产区是（　　）。
A. 甘肃　　B. 四川
C. 云南　　D. 陕西
E. 青海
参考答案：A
答案解析：当归以甘肃岷县和宕昌产量大，质量佳。
132. 柴胡中有解热、镇痛、镇静、抗炎等药理作用的化学成分是（　　）。
A. 柴胡多糖　　B. 总皂苷
C. 黄酮类　　D. 挥发油
E. 芦丁
参考答案：B
答案解析：略。
133. 柴胡属植物中有毒、不可当柴胡的代用品的是（　　）。
A. 川滇柴胡　　B. 北柴胡
C. 狭叶柴胡　　D. 大叶柴胡
E. 太白柴胡
参考答案：D
答案解析：略。
134. 根茎呈拳形团块，表面有平行隆起的轮节和凹陷的茎痕，断面有波状环纹，该生药是(　　)。
A. 当归　　B. 柴胡
C. 白芷　　D. 羌活
E. 川芎
参考答案：E
答案解析：略。
135. 形成层环纹波状或不规则状，导管排列为"V"字形，皮层、韧皮部、髓部散有油室，该生药是（　　）。
A. 川芎　　B. 川乌
C. 当归　　D. 白芷
E. 柴胡
参考答案：A
答案解析：川乌形成层和导管排列如题干所述，但无油室；当归、白芷、柴胡有油室、油管，但形成层和导管排列非如题干所述。
136. 呈圆锥形，表面灰棕色，根上部钝四棱形，支根痕有多数皮孔样横向突起，俗称"疙瘩丁"，该生药为（　　）。
A. 川芎　　B. 白芷
C. 柴胡　　D. 当归
E. 独活
参考答案：B
答案解析：白芷的性状特征。
137. 来源于伞形科植物的果实类药材是(　　)。
A. 丁香　　B. 白芷
C. 小茴香　　D. 五味子
E. 栀子
参考答案：C
答案解析：丁香为桃金娘科植物花类药材，白芷为伞形科植物根类药材，五味子为栏科植物果实类药材，栀子为茜草科植物果实类药材。
138. 南柴胡的气味是（　　）。
A. 芳香　　B. 辣、甜
C. 辛辣味　　D. 败油气
E. 味苦回甜
参考答案：D
答案解析：略。
139. 当归、川芎横切面的分泌组织是（　　）。
A. 黏液细胞　　B. 油细胞
C. 树脂道　　D. 乳汁管
E. 油室
参考答案：E
答案解析：略。
140. 山茱萸的药用部位为（　　）。
A. 果实　　B. 果肉
C. 果皮　　D. 种子
E. 根及根茎
参考答案：B
答案解析：山茱萸为山茱萸科山茱萸的干燥成熟果肉。
141. 下列药用部位为成熟果实的生药是(　　)。
A. 山楂　　B. 吴茱萸
C. 山茱萸　　D. 陈皮
E. 枳实
参考答案：C
答案解析：山楂为成熟果实，吴茱萸为近成熟果实，陈皮为果皮，枳实为幼果。
142. 下列具有 2 枚雄蕊的科是（　　）。
A. 五加科　　B. 伞形科
C. 十字花科　　D. 木犀科
E. 唇形科
参考答案：D
答案解析：五加科与伞形科雄蕊数为 5 枚，十字花科 6 枚，唇形科 4 枚。
143. 连翘的药用部位为（　　）。
A. 茎　　B. 叶
C. 花　　D. 根
E. 果实

参考答案：E
答案解析：连翘来源于木犀科植物连翘的干燥果实。
144. 呈纽扣状，常一面隆起，一面微凹陷，表面密被绢状茸毛，该药材是（　　）。
A. 酸枣仁　　B. 马钱子
C. 苦杏仁　　D. 菟丝子
E. 芥子
参考答案：B
答案解析：略。
145. 马钱子的药用部位为（　　）。
A. 种子　　B. 果实
C. 种仁　　D. 种皮
E. 幼果
参考答案：A
答案解析：马钱子为马钱科植物马钱的干燥成熟种子。
146. 马钱子底面中心有突起的圆点状（　　）。
A. 种孔　　B. 种阜
C. 种脐　　D. 种脊
E. 种柄
参考答案：C
答案解析：略。
147. 取马钱子种子的胚乳作切片，加 1%钒酸铵硫酸溶液 1 滴，胚乳显（　　）。
A. 蓝紫色　　B. 黄色
C. 红色　　D. 绿色
E. 橙红色
参考答案：A
答案解析：士的宁反应。
148. 取马钱子种子的胚乳作切片，加浓硝酸 1 滴，胚乳显（　　）。
A. 蓝紫色　　B. 黄色
C. 红色　　D. 橙红色
E. 蓝绿色
参考答案：D
答案解析：马钱子碱反应。
149. 关于龙胆的形状特征，错误的是（　　）。
A. 根茎为不规则块状
B. 须根系，须根簇生根茎上
C. 质脆易折
D. 断面略平坦
E. 味微苦
参考答案：E
答案解析：龙胆味极苦。
150. 龙胆中表面无横皱纹，外皮膜质易脱落，木部易与皮部分离的是（　　）。
A. 粗糙龙胆　　B. 坚龙胆
C. 条叶龙胆　　D. 三花龙胆
E. 关龙胆
参考答案：B
答案解析：略。
151. 龙胆中木质部导管发达，无髓部的是（　　）。
A. 粗糙龙胆　　B. 三花龙胆
C. 坚龙胆　　D. 条叶龙胆
E. 大叶龙胆
参考答案：C
答案解析：略。
152. 香加皮来源于（　　）。
A. 伞形科　　B. 大戟科
C. 五加科　　D. 萝藦科
E. 夹竹桃科
参考答案：D
答案解析：香加皮来源于萝藦科杠柳的干燥根皮，又名北五加皮。
153. 下列关于唇形科植物的特征，错误的是（　　）。
A. 多年生草本，含挥发油有香气
B. 茎圆柱形，单叶对生
C. 轮伞花序
D. 唇形花冠，二强雄蕊，2 心皮合生
E. 四枚小坚果
参考答案：B
答案解析：唇形科植物茎四棱形。
154. 益母草的入药部位是（　　）。
A. 新鲜或干燥地上部分
B. 干燥全草
C. 干燥果穗
D. 干燥地上部分
E. 新鲜全草
参考答案：A
答案解析：益母草为唇形科植物益母草的新鲜或干燥地上部分。
155. 叶搓揉时有特异清凉香气，味辛凉的生药是（　　）。
A. 广藿香　　B. 益母草
C. 薄荷　　D. 紫苏叶
E. 夏枯草
参考答案：C
答案解析：薄荷重要的性状鉴定特征为叶搓揉时有特异清凉香气，味辛凉。
156. 粉末少许，微量升华得油状物的生药是（　　）。

A. 大黄　　B. 麻黄
C. 牡丹皮　　D. 儿茶
E. 薄荷
参考答案：E
答案解析：微量升华，大黄得黄色针状、树枝状或羽毛状结晶，麻黄得细小针状或颗粒状结晶，牡丹皮得长柱状、针状、羽状结晶，儿茶得无色树枝状结晶。

157. 我国薄荷最著名的产区为（　　）。
A. 江苏　　B. 安徽
C. 江西　　D. 四川
E. 云南
参考答案：A
答案解析：江苏所产薄荷为“苏薄荷”。

158. 下列除哪一项外，均为薄荷粉末镜检可见（　　）。
A. 橙皮苷结晶　　B. 腺鳞
C. 小腺毛　　D. 非腺毛
E. 平轴式气孔
参考答案：E
答案解析：薄荷的气孔轴式为直轴式。

159. 老根中央枯朽状或中空，呈暗棕色或棕黑色，味苦的为（　　）。
A. 大黄　　B. 丹参
C. 当归　　D. 黄芩
E. 黄芪
参考答案：D
答案解析：黄芪老根中央枯朽或中空，褐色，味微甜；其余选项非如题干所述。

160. 老根横切面中央有一至多个同心状木栓组织环的是（　　）。
A. 丹参　　B. 黄芩
C. 板蓝根　　D. 当归
E. 大黄
参考答案：B
答案解析：略。

161. 下列不是丹参的性状鉴别特征的是(　　)。
A. 根数条，长圆柱形，略弯曲
B. 表面棕红色或暗棕红色，粗糙
C. 老根表面紫棕色，外皮粗糙常鳞片状剥落
D. 质硬而脆，断面疏松纤维性
E. 气微，味甘
参考答案：E
答案解析：丹参味微苦涩。

162. 丹参的断面皮部（　　）。
A. 棕红色　　B. 灰黄色
C. 黄白色　　D. 紫褐色
E. 黄色
参考答案：A
答案解析：略。

163. 丹参中的脂溶性成分为（　　）。
A. 三萜醌类　　B. 单萜类
C. 生物碱类　　D. 酚酸类
E. 二萜醌类
参考答案：E
答案解析：丹参主要含脂溶性的二萜醌类和水溶性的酚酸类。

164. 茎的皮层薄壁组织和叶的叶肉组织中有间隙腺毛的生药是（　　）。
A. 薄荷　　B. 大青叶
C. 番泻叶　　D. 广藿香
E. 淫羊藿
参考答案：D
答案解析：略。

165. 薄荷挥发油中的主要成分为（　　）。
A. 薄荷酮　　B. 异薄荷酮
C. 薄荷醇　　D. 薄荷酯
E. 胡薄荷脑
参考答案：C
答案解析：略。

166. 下列除哪一项外，均为茄科植物的特征（　　）。
A. 草本或灌木
B. 单叶互生，有时呈大小叶对生
C. 两性花，花萼宿存，花冠 5 裂，雄蕊 5 枚，2 心皮 2 室
D. 核果
E. 多具双韧型维管束
参考答案：D
答案解析：茄科植物为蒴果或浆果。

167. 来源于茄科植物的果实类药材是（　　）。
A. 枸杞子　　B. 五味子
C. 栀子　　D. 天仙子
E. 牵牛子
参考答案：A
答案解析：枸杞子和天仙子来源于茄科，天仙子为种子；栀子为来源于茜草科的果实，牵牛子为来源于旋花科的种子。

168. 生药洋金花的药用原植物为（　　）。
A. 紫花曼陀罗　　B. 无刺曼陀罗
C. 白花曼陀罗　　D. 毛曼陀罗
E. 曼陀罗
参考答案：C
答案解析：略。

169. 下列关于洋金花性状特征的描述，错误的是（　　）。
A. 多皱缩成条
B. 花萼筒状，先端5裂，基部具纵脉纹5条
C. 花冠喇叭状，先端5浅裂
D. 晒干品质脆易碎，烘干品质柔韧
E. 香气浓郁，味苦，有毒
参考答案：E
答案解析：洋金花无浓郁香气，其特异，味微苦。
170. 玄参是传统的（　　）之一。
A. 浙八味　B. 四大怀药
C. 四大北药　D. 云药
E. 藏药
参考答案：A
答案解析：浙八味为白术、白芍、杭白菊、温郁金、浙贝母、玄参、麦冬、延胡索。
171. 玄参的断面颜色和气味为（　　）。
A. 乌黑色，气微，味甜
B. 淡黄白色，气微，味微甜
C. 棕黑色，气微，味微甜
D. 乌黑色，气微，味微甜
E. 黑色，气特异似焦糖，味甘，微苦
参考答案：E
答案解析：A为熟地黄断面颜色及气味，B为鲜地黄断面颜色及气味，C、D为生地黄断面颜色及气味。
172. 生地黄的加工方法为（　　）。
A. 堆放发汗　B. 缓缓烘焙
C. 蒸制　D. 酒炖
E. 黑豆汁炖
参考答案：B
答案解析：略。
173. 鲜地黄的断面可见（　　）。
A. 黄色树脂道　B. 棕色油点
C. 云锦纹　D. 橘红色油点
E. 星点
参考答案：D
答案解析：略。
174. 含强心苷类成分的生药是（　　）。
A. 丹参　B. 地黄
C. 毛花洋地黄　D. 人参
E. 党参
参考答案：C
答案解析：略。
175. 钩藤特有的性状特征是（　　）。
A. 茎枝类圆形或类方形
B. 表面红棕色至紫棕色
C. 表面被黄褐色柔毛
D. 枝节上具两个或一个弯曲钩
E. 质轻而韧，断面黄棕色
参考答案：D
答案解析：钩藤区别于其他药材的性状鉴定特征是枝节上具两个或一个弯曲钩。
176. 金银花正确的采制方法为（　　）。
A. 晴天花由白变黄时，太阳下晒干
B. 花盛开时，阴干
C. 5～6月晴天早晨露水刚干时采摘花蕾，摊席上晾干
D. 雨后采摘花蕾，大火烘干
E. 晴天午后花冠露水晒干后采摘，晒干
参考答案：C
答案解析：略。
177. 金银花主产于（　　）。
A. 浙江、湖北　B. 湖南、江苏
C. 四川、云南　D. 陕西、山西
E. 河南、山东
参考答案：E
答案解析：略。
178. 下列金银花的性状特征描述，错误的是（　　）。
A. 花蕾棒槌状，上粗下细
B. 表面绿白色或黄白色，光滑无毛
C. 花萼绿色，先端5裂，花冠二唇形
D. 雄蕊5枚，雌蕊1枚，子房无毛
E. 气清香，味淡、味苦
参考答案：B
答案解析：金银花表面密被短柔毛。
179. 下列为葫芦科植物的特征的是（　　）。
A. 具卷须，中轴胎座
B. 花两性，3心皮合生
C. 雄蕊花药折叠，蓇葖果
D. 子房上位，侧膜胎座
E. 草质藤本，瓠果
参考答案：E
答案解析：葫芦科为草质藤本，具卷须；花单性，雄蕊5枚花药折叠，雌蕊3心皮合生，侧膜胎座，下位子房，果实为瓠果。
180. 天花粉的药用部位是（　　）。
A. 根　B. 根及根茎
C. 花　D. 果实
E. 花粉
参考答案：A
答案解析：天花粉为葫芦科植物栝楼或双边栝楼的干燥根。

181. 瓜蒌的入药部位是（　　）。
A. 根　　B. 根及根茎
C. 花　　D. 果实
E. 花粉
参考答案：D
答案解析：瓜蒌为葫芦科植物栝楼或双边栝楼的干燥成熟果实。
182. 天花粉质坚实，断面富粉性，横切面可见略呈放射状排列的黄色小孔，该黄色小孔为（　　）。
A. 油室　　B. 油管
C. 导管　　D. 树脂道
E. 裂隙
参考答案：C
答案解析：天花粉断面无裂隙，组织结构中未见分泌组织。
183. 下列除哪一项外，均为桔梗科植物的特征（　　）。
A. 草本植物，具乳汁
B. 单叶互生，无托叶
C. 花两性，单生或排成聚伞、总状或圆锥花序
D. 子房下位或半下位，2～5 心皮合生为 1 室
E. 蒴果，稀浆果
参考答案：D
答案解析：雌蕊为 2～5 心皮合生为 2～5 室，中轴胎座。
184. 生药桔梗的横切面显微特征可见（　　）。
A. 乳汁管　　B. 油管
C. 油室　　D. 油细胞
E. 树脂道
参考答案：A
答案解析：略。
185. 桔梗断面木部导管数个相聚成放射状排列，形成（　　）。
A. 车轮纹　　B. 云锦纹
C. 菊花心　　D. 罗盘纹
E. 铁线纹
参考答案：C
答案解析：略。
186. 桔梗的薄壁细胞中含有（　　）。
A. 簇晶　　B. 方晶
C. 针晶　　D. 钟乳体
E. 菊糖
参考答案：E
答案解析：略。
187. 根头部有多数突起的芽痕及茎痕，习称“狮子盘头”，该生药为（　　）。
A. 丹参　　B. 党参
C. 南沙参　　D. 桔梗
E. 人参
参考答案：B
答案解析：略。
188. 素花党参又称为（　　）。
A. 川党　　B. 潞党
C. 东党　　D. 条党
E. 西党
参考答案：E
答案解析：川党即条党，产于四川、湖北及陕西接壤地区；东党产于黑龙江、辽宁和吉林；西党即素花党参，产于甘肃、陕西及四川西北部；潞党为栽培品，产于山西及河南。
189. 支根断落处常有黑褐色的胶状物的生药是（　　）。
A. 人参　　B. 丹参
C. 桔梗　　D. 党参
E. 南沙参
参考答案：D
答案解析：略。
190. 下列质地松泡，断面多裂隙的为（　　）。
A. 南沙参　　B. 桔梗
C. 党参　　D. 北沙参
E. 丹参
参考答案：A
答案解析：略。
191. 下列生药除哪一项，均来源于桔梗科（　　）。
A. 桔梗　　B. 党参
C. 北沙参　　D. 南沙参
E. 半边莲
参考答案：C
答案解析：北沙参为伞形科植物珊瑚菜的干燥根。
192. 下列有截疟作用的生药是（　　）。
A. 红花　　B. 苍术
C. 白术　　D. 青蒿
E. 木香
参考答案：D
答案解析：青蒿的功效有清虚热，除骨蒸，解暑热，截疟，退黄。
193. 青蒿的基源是（　　）。
A. 菊科植物黄花蒿的干燥地上部分
B. 菊科植物艾蒿的干燥地上部分
C. 菊科植物青蒿的干燥地上部分
D. 菊科植物青蒿的干燥全草
E. 菊科植物黄花蒿的干燥全草

参考答案：A
答案解析：略。
194. 红花的药用部位是（　　）。
A. 花蕾　　B. 柱头
C. 管状花　　D. 舌状花
E. 头状花序
参考答案：C
答案解析：红花为菊科植物红花的干燥管状花。
195. 红花的适宜采收期是（　　）。
A. 春季花未开放时
B. 夏季花由黄变红时
C. 秋季花近凋谢时
D. 春夏之交花近开放时
E. 夏季花未变红时
参考答案：B
答案解析：略。
196. 性状鉴别“吐脂”现象明显的生药是(　　)。
A. 五味子　　B. 木香
C. 北苍术　　D. 白术
E. 茅苍术
参考答案：E
答案解析：茅苍术断面暴露稍久后可析出白色细针状结晶，习称“吐脂”或“起霜”。
197. 下列是茅苍术横切面显微特征的是（　　）。
A. 木质部散有乳汁管
B. 髓部散有石细胞群
C. 皮层狭窄，韧皮部宽广
D. 木栓层中有石细胞环带
E. 薄壁细胞中有簇晶
参考答案：D
答案解析：茅苍术木栓层中有石细胞环带 3～8 条，皮层较厚，韧皮部狭窄，皮层、韧皮部、木质部散有油室，薄壁细胞中有细小草酸钙针晶。
198. 苍术粉末中不含有（　　）。
A. 草酸钙簇晶　　B. 菊糖
C. 油室碎片　　D. 石细胞
E. 纤维
参考答案：A
答案解析：苍术含有草酸钙针晶。
199. 药材断面有“朱砂点”的生药是（　　）。
A. 柴胡　　B. 丹参
C. 苍术　　D. 当归
E. 川芎
参考答案：C
答案解析：苍术断面散有橙黄色或棕红色的油室，习称“朱砂点”。
200. 圆柱形或把圆柱形，如枯骨状，有特异的羊膻气的生药是（　　）。
A. 红花　　B. 苍术
C. 白术　　D. 木香
E. 淫羊藿
参考答案：D
答案解析：淫羊藿为叶类药材，有羊膻气，形状非如上述。
201. 木香主产于（　　）。
A. 广东　　B. 云南
C. 四川　　D. 海南
E. 广西
参考答案：B
答案解析：过去从印度等地经广州进口，称“广木香”，今主产于云南，称“云木香”。
202. 木香的粉末中不含有（　　）。
A. 草酸钙针晶　　B. 木栓细胞
C. 油室碎片　　D. 菊糖
E. 木纤维及导管
参考答案：A
答案解析：木香的晶体类型为草酸钙方晶。
203. 下列以花序入药的生药是（　　）。
A. 辛夷　　B. 西红花
C. 菊花　　D. 金银花
E. 洋金花
参考答案：C
答案解析：菊花为菊科植物菊的干燥头状花序。
204. 我国商品木香中，因含有马兜铃酸类成分已被取消载入《中国药典》的是（　　）。
A. 广木香　　B. 云木香
C. 土木香　　D. 川木香
E. 青木香
参考答案：E
答案解析：青木香来源于马兜铃科。
205. 泽泻的药用部位为（　　）。
A. 根茎　　B. 块茎
C. 鳞茎　　D. 球茎
E. 根
参考答案：B
答案解析：泽泻为泽泻科植物泽泻的干燥块茎。
206. 泽泻质地坚实，断面黄白色，（　　）。
A. 纤维性　　B. 角质样
C. 片状分层　　D. 颗粒性
E. 粉性，有多数细孔
参考答案：E
答案解析：略。
207. 薏苡仁的入药部位是（　　）。
A. 果实　　B. 果穗

C. 果皮　　D. 种仁
E. 种皮
参考答案：D
答案解析：薏苡仁为禾本科植物薏苡的干燥成熟种仁。
208. 下列以花粉入药的生药是（　　）。
A. 蒲黄　　B. 桑黄
C. 大黄　　D. 天花粉
E. 玄明粉
参考答案：A
答案解析：蒲黄为香蒲科植物水烛香蒲、东方香蒲或同属植物的干燥花粉。
209. 木本植物，叶柄基部常扩大为纤维鞘，肉穗花序，是下列哪一科植物的特征（　　）。
A. 百合科　　B. 天南星科
C. 棕榈科　　D. 苏铁科
E. 伞形科
参考答案：C
答案解析：天南星科不具纤维鞘，多为草本植物。
210. 质坚硬，不易破碎，断面可见大理石样花纹的生药是（　　）。
A. 血竭　　B. 栀子
C. 巴豆　　D. 槟榔
E. 酸枣仁
参考答案：D
答案解析：略。
211. 下列关于天南星科植物的特征，说法错误的是（　　）。
A. 多年生草本，具有块茎
B. 叶柄基部常有膜质鞘，平行叶脉
C. 肉穗花序，具佛焰苞
D. 花小，两性或单性
E. 浆果
参考答案：B
答案解析：天南星科具有网状脉序。
212. 半夏的粉末镜检，可见黏液细胞中含有草酸钙（　　）。
A. 针晶　　B. 方晶
C. 簇晶　　D. 砂晶
E. 柱晶
参考答案：A
答案解析：略。
213. 药材类球形，顶端有凹窝状茎痕，茎痕周围密布棕色麻点状须根痕的是（　　）。
A. 麦冬　　B. 泽泻
C. 半夏　　D. 百部
E. 三棱
参考答案：C
答案解析：略。
214. 具有“观音合掌”特征的川贝是（　　）。
A. 大贝　　B. 珠贝
C. 松贝　　D. 炉贝
E. 青贝
参考答案：E
答案解析：大贝和珠贝为浙贝母，松贝为“怀中抱月”，炉贝为“马牙虎皮斑”。
215. 炉贝的药用原植物为百合科（　　）。
A. 卷叶贝母　　B. 梭砂贝母
C. 暗紫贝母　　D. 甘肃贝母
E. 太白贝母
参考答案：B
答案解析：略。
216. 麦冬质地（　　）。
A. 柔韧　　B. 柔软
C. 柔润　　D. 坚硬
E. 硬而脆
参考答案：A
答案解析：略。
217. 纺锤形，两端略尖，表面黄白色或淡黄色，一端常有细小中柱外露，该生药是（　　）。
A. 知母　　B. 黄芩
C. 麦冬　　D. 甘草
E. 天麻
参考答案：C
答案解析：略。
218. 下列关于山药的来源，正确的是（　　）。
A. 百合科，根茎
B. 天南星科，根
C. 天南星科，根茎
D. 薯蓣科，根茎
E. 薯蓣科，根
参考答案：D
答案解析：山药来源于薯蓣科植物薯蓣的干燥根茎。
219. 西红花来源于（　　）。
A. 菊科　　B. 鸢尾科
C. 百合科　　D. 姜科
E. 兰科
参考答案：B
答案解析：西红花来源于鸢尾科植物番红花的干燥柱头。
220. 药材浸水中，可见橙黄色直线下沉，并逐渐扩散，水被染成金黄色，该药材是（　　）。
A. 栀子　　B. 红花

C. 西红花　　D. 酸枣仁
E. 枸杞子
参考答案：C
答案解析：西红花的水试现象。
221. 柱头呈现线形，暗红色，分三叉，上部较宽而略扁平，顶端边缘呈不整齐的齿状，内侧有一短裂隙，下端有时残留一小段黄色花柱，该生药是（　　）。
A. 洋金花　　B. 丁香
C. 金银花　　D. 红花
E. 西红花
参考答案：E
答案解析：略。
222. 下列除哪一项，均来源于姜科（　　）。
A. 姜黄　　B. 莪术
C. 郁金　　D. 砂仁
E. 知母
参考答案：E
答案解析：知母来源于百合科。
223. 下列关于砂仁的性状特征描述，错误的是（　　）。
A. 果实椭圆形或卵圆形
B. 果皮表面红棕色，密生短钝软刺
C. 种子粘连成团，三钝棱
D. 种子团有隔膜将其分为 4 瓣
E. 气芳香浓烈，味辛凉、微苦
参考答案：D
答案解析：砂仁种子团分为 3 瓣。
224. 砂仁的道地产区是（　　）。
A. 广东　　B. 海南
C. 云南　　D. 福建
E. 广西
参考答案：A
答案解析：广东阳春所产砂仁为“阳春砂”。
225. 莪术中的分泌组织是（　　）。
A. 油管　　B. 油室
C. 油细胞　　D. 树脂道
E. 乳汁管
参考答案：C
答案解析：略。
226. 药材断面灰褐色至蓝褐色，蜡样，常附有灰棕色粉末，该药材是（　　）。
A. 郁金　　B. 广西莪术
C. 温莪术　　D. 蓬莪术
E. 姜黄
参考答案：D
答案解析：郁金断面灰棕色，角质样；广西莪术断面黄棕色至棕色，常附有淡黄色粉末；温莪术断面黄棕色至棕褐色，常附有淡黄色至黄棕色粉末；姜黄断面棕黄色至金黄色，角质样，有蜡样光泽。
227. 下列有关兰科植物的特征，错误的是（　　）。
A. 多年生草本植物
B. 唇瓣特化为各种形状
C. 能育雄蕊 1 枚，与花柱合生为合蕊柱，花粉粘连成花粉块
D. 3 心皮合生成 1 室，下位子房
E. 蒴果，含 2 粒种子
参考答案：E
答案解析：兰科植物的种子极多，细如粉尘。
228. 天麻粉末镜检，不可观察到（　　）。
A. 淀粉粒　　B. 厚壁细胞
C. 草酸钙针晶束　　D. 多糖类团块
E. 导管
参考答案：A
答案解析：略。
229. 具有平肝息风止痉作用的药材是（　　）。
A. 白及　　B. 天麻
C. 三七　　D. 石斛
E. 人参
参考答案：B
答案解析：略。
230. “鹦哥嘴”是下列哪个药材的性状鉴别特征（　　）。
A. 白芷　　B. 知母
C. 防风　　D. 白术
E. 天麻
参考答案：E
答案解析：略。

B 型题（配伍选择题）

[1～6]
A. *Ephedra sinica* Stapf
B. *Rheum palmatum* L.
C. *Coptis chinensis* Franch.
D. *Astragalus membranaceus*（Fisch.）Bge.
E. *Scutellaria baicalensis* Georgi
F. *Phellodendron chinense* Schneid.
1. 掌叶大黄的学名是（　　）。
2. 黄芩的学名是（　　）。
3. 黄皮树的学名是（　　）。
4. 草麻黄的学名是（　　）。
5. 黄连的学名是（　　）。
6. 膜荚黄芪的学名是（　　）。

参考答案：1. B　2. E　3. F　4. A　5. C　6. D
答案解析：略。
[7～12]
A. *Panax notoginseng*（Burk.）F. H. Chen
B. *Lonicera japonica* Thunb.
C. *Eugenia caryophyllata* Thunb.
D. *Gastrodia elata* Bl.
E. *Carthamus tinctorius* L.
F. *Crocus sativus* L.
7. 忍冬的学名是（　　）。
8. 天麻的学名是（　　）。
9. 三七的学名是（　　）。
10. 红花的学名是（　　）。
11. 番红花的学名是（　　）。
12. 丁香的学名是（　　）。
参考答案：7. B　8. D　9. A　10. E　11. F　12. C
答案解析：略。
[13～18]
A. *Mentha haplocalyx* Briq.
B. *Bupleurum chinense* DC.
C. *Angelica sinensis*（Oliv.）Diels
D. *Salvia miltiorrhiza* Bge.
E. *Glycyrrhiza uralensis* Fisch.
F. *Schisandra chinensis*（Turcz.）Baill.
13. 五味子的学名是（　　）。
14. 甘草的学名是（　　）。
15. 当归的学名是（　　）。
16. 柴胡的学名是（　　）。
17. 薄荷的学名是（　　）。
18. 丹参的学名是（　　）。
参考答案：13. F　14. E　15. C　16. B　17. A　18. D
答案解析：略。
[19～21]
A. 5～13　B. 2～3　C. 4～11
D. 3～8　E. 8～10
19. 鸡血藤皮部有树脂状分泌物，呈红棕色或黑棕色，与木部相间排列呈（　　）个偏心性半圆形环。
20. 绵马贯众断面有（　　）个分体中柱。
21. 何首乌横断面有（　　）个类圆形异型维管束。
参考答案：19. D　20. A　21. C
答案解析：略。
[22～25]
A. 极面观三角形，赤道表面观双凸镜形
B. 类球形或长圆形，外壁有条状雕纹
C. 类球形，外壁有细密短刺状突起
D. 圆球形或椭圆形，外壁有短刺及疣状雕纹
E. 花粉粒圆球形，表面几近光滑，无齿状突起
22. 红花的花粉粒（　　）。
23. 金银花的花粉粒（　　）。
24. 洋金花的花粉粒（　　）。
25. 丁香的花粉粒（　　）。
参考答案：22. D　23. C　24. B　25. A
答案解析：略。
[26～30]
A. 青黛　B. 血竭　C. 沉香
D. 乳香　E. 海金沙
26. 遇热变软，燃烧有香气，冒黑烟，留有黑色残渣的是（　　）。
27. 燃烧冒浓烟，有黑色的油状物渗出，香气浓烈的是（　　）。
28. 燃烧可冒出紫红色烟雾的是（　　）。
29. 火烧可产生刺鼻烟气，应无松香气的是（　　）。
30. 燃烧发出爆鸣声且有闪光，无灰渣残留的是（　　）。
参考答案：26. D　27. C　28. A　29. B　30. E
答案解析：略。
[31～35]
A. 薄荷　B. 麻黄　C. 大黄
D. 大青叶　E. 牡丹皮
微量升华实验：
31. 黄色针、簇状羽状结晶（　　）。
32. 无色长柱形、针状、羽状结晶（　　）。
33. 燃细小针状或颗粒状结晶（　　）。
34. 黄色油状物（　　）。
35. 蓝色或紫红色细小针、簇、片状结晶(　　)。
参考答案：31. C　32. E　33. B　34. A　35. D
答案解析：略。
[36～40]
A. 树脂道　B. 乳汁管　C. 油室
D. 油细胞　E. 管状分泌细胞
36. 当归具（　　）。
37. 桔梗具（　　）。
38. 肉桂具（　　）。
39. 人参具（　　）。
40. 红花具（　　）。
参考答案：36. C　37. B　38. D　39.A　40. E
答案解析：略。
[41～45]
A. 大理石样花纹　B. 菊花心　C. 疙瘩丁
D. 蚯蚓头　E. 铁线纹
41. 黄芪断面中央显（　　）。

42. 槟榔断面显（　　）。
43. 白芷表面有（　　）。
44. 山参主根上部有（　　）。
45. 防风根头部有（　　）。
参考答案：41. B　42. A　43. C　44. E　45. D
答案解析：略。

X 型题（多项选择题）

1. 藻类植物是一类（　　）。
A. 自养植物　B. 低等植物
C. 孢子植物　D. 颈卵器植物
E. 维管植物
参考答案：ABC
答案解析：藻类植物是一类低等的自养生物，产生孢子繁殖，无组织分化，未分化出颈卵器和维管束等结构。
2. 下列属于藻类的生药是（　　）。
A. 海带　B. 昆布
C. 赤芝　D. 猪苓
E. 亚香棒虫草
参考答案：AB
答案解析：赤芝、猪苓、亚香棒虫草为菌类生药。
3. 下列为真菌界特征的是（　　）。
A. 异养植物　B. 真核生物
C. 不含淀粉　D. 由菌丝组成
E. 无根、茎、叶分化
参考答案：ABCDE
答案解析：略。
4. 下列以菌核入药的生药是（　　）。
A. 灵芝　B. 茯苓
C. 猴头菌　D. 猪苓
E. 冬虫夏草
参考答案：BD
答案解析：灵芝与猴头菌为子实体，冬虫夏草为虫体和子座的复合体。
5. 茯苓的商品品种有（　　）。
A. 茯苓个　B. 茯苓皮
C. 赤茯苓　D. 白茯苓
E. 茯苓块
参考答案：ABCDE
答案解析：略。
6.《中国药典》(2020 版）灵芝来源于（　　）。
A. 白芝　B. 赤芝
C. 云芝　D. 紫芝
E. 黄芝
参考答案：BD
答案解析：《中国药典》(2020 年版)，灵芝来源于多孔菌科真菌赤芝或紫芝的干燥子实体。
7. 下列属于茯苓的性状特征的是（　　）。
A. 类球形、椭圆形、扁圆形或不规则团块
B. 外皮粗糙，棕褐色至黑褐色
C. 断面颗粒性
D. 体轻，能浮于水面
E. 嚼之有粘牙感
参考答案：ABCE
答案解析：茯苓体重，质地坚实。
8. 苔藓植物门的特征是（　　）。
A. 最低等的高等植物
B. 孢子体发达
C. 颈卵器植物
D. 具有假根
E. 孢子体寄生在配子体上
参考答案：ACDE
答案解析：苔藓植物的孢子体不发达，生活史过程中寄生在配子体上。
9. 下列关于蕨类植物的说法，正确的是（　　）。
A. 具维管束，是一类真正的陆生植物
B. 孢子体发达
C. 具有根、茎、叶的分化，根为不定根
D. 多为多年生草本
E. 配子体小型，能独立生活
参考答案：ABCDE
答案解析：略。
10. 来自蕨类植物门的生药有（　　）。
A. 海金沙　B. 骨碎补
C. 麻黄　D. 卷柏
E. 贯众
参考答案：ABDE
答案解析：麻黄来自裸子植物门。
11. 下列对绵马贯众描述正确的是（　　）。
A. 为鳞毛蕨科植物粗茎鳞毛蕨的干燥根茎和叶柄残基
B. 具分体中柱 5～13 个，环列
C. 主要化学成分为生物碱类
D. 薄壁组织中生单细胞腺毛
E. 维管束周围均有内皮层细胞，凯氏带明显
参考答案：ABDE
答案解析：绵马贯众含间苯三酚类、萜类及黄酮类成分。
12. 下列关于骨碎补的说法，正确的是（　　）。
A. 药用部位为根茎
B. 体轻质脆，易折断
C. 来源于裸子植物门
D. 断面红棕色
E. 具有疗伤止痛和补肾强骨功效

参考答案：ABDE
答案解析：骨碎补来源于蕨类植物门。
13. 裸子植物门常见的生药有（　　）。
A. 卷柏　　B. 松花粉
C. 柏子仁　　D. 紫杉
E. 麻黄
参考答案：BCDE
答案解析：卷柏为蕨类植物。
14. 麻黄的粉末特征是（　　）。
A. 粉末呈淡棕色
B. 表皮细胞外壁具角质层
C. 具嵌晶纤维
D. 导管分子端壁形成麻黄式穿孔板
E. 具有簇晶
参考答案：ABCD
答案解析：麻黄粉末不含簇晶。
15. 下列属于裸子植物门的特征是（　　）。
A. 种子与胚珠裸露
B. 孢子体发达
C. 配子体退化，寄生在孢子体上
D. 形成果实
E. 具有多胚现象
参考答案：ABCE
答案解析：裸子植物门不具有果实。
16. 下列属于被子植物门特有的特征是（　　）。
A. 具种子　　B. 有真正的果实
C. 进化出现花粉管　　D. 具双受精现象
E. 具有伴胞
参考答案：BDE
答案解析：裸子植物与被子植物均有种子和花粉管。
17. 生药细辛的性状特征是（　　）。
A. 根细长，密生节上
B. 质脆易断，断面平坦
C. 味辛辣，麻舌
D. 常卷曲成团
E. 主根明显、粗壮
参考答案：ABCD
答案解析：细辛为须根系植物，无明显主根。
18. 具有异常构造的生药是（　　）。
A. 大黄　　B. 何首乌
C. 牛膝　　D. 商陆
E. 防己
参考答案：ABCD
答案解析：大黄根茎髓部有异型维管束，何首乌、牛膝、商陆为根的正常维管束外侧，形成异型维管束。
19. 药用部位为根与根茎的药材是（　　）。
A. 大黄　　B. 何首乌
C. 细辛　　D. 太子参
E. 牛膝
参考答案：AC
答案解析：何首乌、太子参、牛膝的药用部位为根。
20. 来源于蓼科的生药有（　　）。
A. 白果　　B. 无花果
C. 大黄　　D. 何首乌
E. 虎杖
参考答案：CDE
答案解析：白果来源于银杏科，无花果来源于桑科。
21. 下列关于牛膝的描述，正确的是（　　）。
A. 细长圆柱形
B. 质韧，不易折断
C. 表面灰黄色或淡棕色
D. 断面平坦
E. 气微，味微甜、涩
参考答案：ACDE
答案解析：牛膝质硬脆，易折断。
22. 下列关于川牛膝的描述，正确的是（　　）。
A. 来源于苋科
B. 主产于四川
C. 质韧，不易折断
D. 根较粗大
E. 断面异型维管束4～11轮小点状排列成环
参考答案：ABCDE
答案解析：略。
23. 下列来源于毛茛科的药材是（　　）。
A. 川乌　　B. 威灵仙
C. 黄连　　D. 白头翁
E. 升麻
参考答案：ABCDE
答案解析：略。
24. 下列为叶类生药的是（　　）。
A. 淫羊藿　　B. 番泻叶
C. 枇杷叶　　D. 银杏叶
E. 桑叶
参考答案：ABCDE
答案解析：易漏选A选项，淫羊藿药用部位为叶。
25. 下列关于淫羊藿的显微特征正确的是（　　）。
A. 上、下表皮细胞垂周壁深波状弯曲
B. 含柱晶、簇晶，也可见方晶和砂晶
C. 气孔不定式

D. 非腺毛上端有时呈钩状或波状弯曲
E. 腺毛头部圆球形
参考答案：ABCD
答案解析：淫羊藿无腺毛。
26. 关于川木通的说法正确的是（　　）。
A. 来源于木通科
B. 药用部位为藤茎
C. 茎节膨大
D. 断面密布导管小孔
E. 质坚硬，不易折断
参考答案：BCDE
答案解析：川木通来源于毛茛科植物小木通或绣球藤的干燥藤茎。
27. 因含马兜铃酸类而被《中国药典》取消作药用的药材有（　　）。
A. 青木香　　B. 关木通
C. 广防己　　D. 木通
E. 木防己
参考答案：ABC
答案解析：木通来源于木通科，木防己来源于防己科，不含马兜铃酸类。
28. 生药五味子的性状特征有（　　）。
A. 呈不规则的扁球形或圆球形
B. 表面棕色至暗棕色，干瘪，皱缩
C. 种子 1～2 粒，肾形表面棕黄色，有光泽
D. 种仁淡黄色，富油质
E. 果肉味酸
参考答案：ACDE
答案解析：五味子表面红色、紫红色或暗红色，显油润。表面棕色至暗棕色，干瘪，皱缩为南五味子特征。
29. 生药五味子的粉末特征为（　　）。
A. 果皮表皮细胞多角形，垂周壁连珠状增厚，油细胞散于其中
B. 种皮外层石细胞表面观呈长角形，较小，孔沟极细密
C. 种皮内层石细胞类圆形、不规则形，较大，纹孔较大而密
D. 纤维成群
E. 油管碎片散在
参考答案：ABC
答案解析：略。
30. 生药厚朴干皮的性状特征为（　　）。
A. 卷筒状
B. 外表面灰棕色至灰褐色，粗糙，栓皮鳞片状
C. 内表面紫棕色，指甲刻划显油痕
D. 质坚硬，不易折断
E. 断面纤维性
参考答案：ABCD
答案解析：厚朴断面外侧颗粒性，内侧纤维性。
31. 生药厚朴的横切面显微特征为（　　）。
A. 栓内层由石细胞组成
B. 皮层散有石细胞和油细胞
C. 韧皮部油细胞和纤维束众多
D. 薄壁细胞含针晶
E. 有淀粉粒
参考答案：ABCE
答案解析：厚朴薄壁细胞含方晶。
32. 生药厚朴的粉末特征为（　　）。
A. 石细胞分枝状、长圆形、类多角形
B. 纤维成束
C. 油细胞多单个散在
D. 筛管分子的筛孔明显
E. 晶纤维
参考答案：ABCD
答案解析：厚朴不含晶纤维。
33. 来源于木兰科的生药有（　　）。
A. 五味子　　B. 辛夷
C. 厚朴　　D. 肉桂
E. 北豆根
参考答案：ABC
答案解析：肉桂来源于樟科，北豆根来源于防己科。
34. 粉末中有分枝状石细胞的生药是（　　）。
A. 厚朴　　B. 黄柏
C. 肉桂　　D. 关黄柏
E. 黄连
参考答案：ABD
答案解析：肉桂石细胞类方形或类圆形，黄连石细胞类圆形、类方形、类多角形。
35. 粉末中有黏液细胞的生药是（　　）。
A. 厚朴　　B. 黄柏
C. 肉桂　　D. 关黄柏
E. 黄连
参考答案：BCD
答案解析：厚朴与黄连粉末中无黏液细胞。
36. 下列关于肉桂的粉末特征描述，正确的是（　　）。
A. 纤维多成束
B. 石细胞类方形或类圆形，3 面增厚，1 面菲薄
C. 油细胞类圆形或长圆形
D. 木栓细胞多角形，含红棕色物质
E. 草酸钙针晶细小
参考答案：BCDE

答案解析：肉桂的纤维多单个散在，长梭形。
37. 肉桂横切面显微特征是（　　）。
A. 最内层木栓细胞外壁增厚
B. 皮层散有石细胞、油细胞、黏液细胞
C. 中柱鞘部位有石细胞环带
D. 韧皮射线细胞含草酸钙簇晶
E. 薄壁细胞含淀粉粒
参考答案：ABCE
答案解析：韧皮射线细胞含草酸钙针晶。
38. 药材断面为角质样的是（　　）。
A. 白芍　B. 牛膝
C. 延胡索　D. 郁金
E. 天麻
参考答案：ABCDE
答案解析：略。
39. 十字花科植物的特征是（　　）。
A. 草本植物
B. 单叶对生
C. 雄蕊 6 枚，4 长 2 短
D. 雌蕊 2 心皮合生，子房上位
E. 角果
参考答案：ACDE
答案解析：十字花科为单叶互生。
40. 关于生药大青叶的说法正确的是（　　）。
A. 十字花科植物菘蓝的干燥叶
B. 叶全缘或微波状
C. 气孔不等式
D. 叶肉组织分化不明显
E. 可加工为青黛
参考答案：ABCDE
答案解析：略。
41. 关于生药板蓝根的说法正确的是（　　）。
A. 圆柱形稍扭曲
B. 根头稍膨大，有叶柄残基和密集的疣状突起
C. 质坚实而硬
D. 断面皮部黄白色，木部黄色，有放射状纹理
E. 气微，味微甜、后苦涩
参考答案：ABDE
答案解析：板蓝根质坚实，略软。
42. 下列为果实类药材的是（　　）。
A. 五味子　B. 栀子
C. 使君子　D. 山楂
E. 决明子
参考答案：ABCD
答案解析：决明子为种子类药材。
43. 下列来源于蔷薇科的生药是（　　）。
A. 木瓜　B. 山楂
C. 枇杷　D. 苦杏仁
E. 芥子
参考答案：ABCD
答案解析：芥子来源于十字花科。
44. 下列关于苦杏仁的说法正确的是（　　）。
A. 扁心形
B. 一端尖，另一端钝圆、肥厚，左右不对称
C. 种皮表皮石细胞橙黄色
D. 子叶细胞含糊粉粒及油滴
E. 具止咳平喘、润肠通便的功效
参考答案：ABCDE
答案解析：略。
45. 断面显“金井玉栏，菊花心”的生药有（　　）。
A. 黄芪　B. 板蓝根
C. 桔梗　D. 苍术
E. 大黄
参考答案：ABC
答案解析：断面皮部黄白色，木部黄色，有放射状纹理及裂隙，称为“金井玉栏，菊花心”。
46. 粉末镜检，能观察到晶纤维的生药有（　　）。
A. 黄芪　B. 黄柏
C. 番泻叶　D. 甘草
E. 麻黄
参考答案：BCD
答案解析：黄芪不含晶纤维；麻黄纤维的次生壁外层嵌入了细小草酸钙晶体，为嵌晶纤维。
47. 来源于豆科的生药有（　　）。
A. 黄芪　B. 甘草
C. 番泻叶　D. 葛根
E. 山豆根
参考答案：ABCDE
答案解析：略。
48. 甘草的粉末特征有（　　）。
A. 晶纤维众多
B. 木栓细胞红棕色
C. 大型具缘纹孔导管
D. 草酸钙簇晶多见
E. 淀粉粒众多
参考答案：ABCE
答案解析：甘草粉末中为方晶多见。
49. 番泻叶的粉末特征有（　　）。
A. 具单细胞非腺毛
B. 草酸钙簇晶较多
C. 气孔平轴式
D. 具草酸钙方晶
E. 具 2 种腺毛
参考答案：ABCD

答案解析：番泻叶粉末中未观察到腺毛。

50. 关于生药黄芪的性状特征描述正确的是（　　）。

A. 长圆柱形

B. 表面淡棕色或淡棕褐色

C. 质坚实而重，不易折断

D. 断面纤维性、粉性

E. 味甜

参考答案：ABCD

答案解析：黄芪味微甜，嚼之有豆腥味。

51. 生药黄芪来源于（　　）。

A. 膜荚黄芪　　B. 蒙古黄芪

C. 金翼黄芪　　D. 梭果黄芪

E. 多序岩黄芪

参考答案：AB

答案解析：黄芪来源于豆科植物膜荚黄芪、蒙古黄芪的干燥根。

52. 芸香科植物的主要特征有（　　）。

A. 木本植物，含挥发油

B. 单叶

C. 花盘发达

D. 子房上位，心皮2～5或更多

E. 柑果

参考答案：ACDE

答案解析：芸香科多为羽状复叶、单身复叶。

53. 黄柏的粉末特征包括（　　）。

A. 分枝状石细胞鲜黄色

B. 纤维多成束，鲜黄色

C. 黏液细胞类球形

D. 油细胞类圆形

E. 晶纤维

参考答案：ABCE

答案解析：黄柏不含油细胞。

54. 关于川黄柏与关黄柏的说法，正确的是（　　）。

A. 均来源于芸香科

B. 均含有小檗碱，含量不同

C. 主产地不同

D. 断面均为纤维性，呈裂片状分层

E. 外表面均为绿黄色

参考答案：ABCD

答案解析：川黄柏外表面黄褐色或黄棕色，关黄柏外表面绿黄色。

55. 药用部位为干燥树脂的生药是（　　）。

A. 沉香　　B. 丁香

C. 乳香　　D. 没药

E. 麝香

参考答案：CD

答案解析：沉香的药用部位为含树脂的木材，丁香为干燥花蕾，麝香为动物雄体香囊内的分泌物。

56. 关于巴豆的说法，正确的是（　　）。

A. 来源于大戟科

B. 果实为蒴果

C. 果实卵圆形，具三棱

D. 外果皮具有星状毛

E. 种子无胚乳

参考答案：ABCD

答案解析：巴豆的种子为有胚乳种子。

57. 来源于大戟科的生药有（　　）。

A. 甘遂　　B. 巴豆

C. 叶下珠　　D. 川楝子

E. 远志

参考答案：ABC

答案解析：川楝子来源于楝科，远志来源于远志科。

58. 下列关于五倍子的说法，正确的是（　　）。

A. 药用部位为叶上虫瘿

B. 商品分为“肚倍”和“角倍”

C. 肚倍长圆形或纺锤形，角倍多角形

D. 肚倍表面光滑，角倍表面具柔毛

E. 质硬而脆，易破碎

参考答案：ABCE

答案解析：肚倍表面微有柔毛。

59. 下列关于沉香的性状特征正确的是（　　）。

A. 不规则的块状、片状或盔帽状

B. 表面凹凸不平，有刀削痕

C. 可见黑色树脂与黄白色木部相间斑纹

D. 质坚实，断面粉性

E. 气芳香，味苦

参考答案：ABCE

答案解析：沉香断面刺状，不为粉性。

60. 下列关于丁香的性状特征正确的是（　　）。

A. 略呈研棒状

B. 花冠球形

C. 萼筒圆柱形，三角形花萼5枚

D. 质坚实，富油性

E. 气芳香浓烈，味辛辣、有麻舌感

参考答案：ABDE

答案解析：丁香的花萼三角形，4枚，十字形排列。

61. 下列关于丁香的显微特征正确的是（　　）。

A. 纤维梭形

B. 花粉粒众多

C. 簇晶众多
D. 油室多破碎，含黄色油状物
E. 单细胞非腺毛
参考答案：ABCD
答案解析：无单细胞非腺毛。

62. 来源于五加科的生药有（　　）。
A. 人参　　B. 沙参
C. 西洋参　　D. 三七
E. 玄参
参考答案：ACD
答案解析：沙参来源于桔梗科，玄参来源于玄参科。

63. 粉末中含有簇晶和树脂道的生药有（　　）。
A. 大黄　　B. 人参
C. 番泻叶　　D. 三七
E. 丁香
参考答案：BD
答案解析：大黄、番泻叶、丁香粉末中有簇晶，无树脂道。

64. 含人参皂苷类成分的生药有（　　）。
A. 人参　　B. 西洋参
C. 黄芪　　D. 三七
E. 甘草
参考答案：ABD
答案解析：略。

65. 下列含挥发油的生药是（　　）。
A. 当归　　B. 川芎
C. 小茴香　　D. 白芷
E. 黄芪
参考答案：ABCD
答案解析：略。

66. 药材的断面可见油室或油管的生药是（　　）。
A. 当归　　B. 川芎
C. 小茴香　　D. 白芷
E. 柴胡
参考答案：ABCDE
答案解析：略。

67. 下列以根入药的生药是（　　）。
A. 小茴香　　B. 川芎
C. 当归　　D. 白芷
E. 柴胡
参考答案：CDE
答案解析：小茴香为果实，川芎为根茎。

68. 小茴香的性状特征是（　　）。
A. 双悬果圆柱形
B. 表面黄绿色或淡黄绿色，两端略尖
C. 分果呈长椭圆形，背面有纵棱 5 条
D. 横切面略呈五边形，背面的四边约等长
E. 有特异香气，味微甜、辛
参考答案：ABCDE
答案解析：略。

69. 与连翘来源于同一科的生药有（　　）。
A. 秦皮　　B. 女贞子
C. 金银花　　D. 桂花
E. 茉莉花
参考答案：ABDE
答案解析：连翘来源于木犀科，选项中除金银花来源于忍冬科外，其余均来源于木犀科。

70. 下列关于马钱子的描述，正确的是（　　）。
A. 种子入药
B. 有大毒
C. 主产我国云南
D. 主含吲哚类生物碱
E. 不宜久服及生用
参考答案：ABDE
答案解析：主产于印度、越南、缅甸、泰国、斯里兰卡，我国云南有引种栽培。

71. 龙胆中产量大，习称“关龙胆”的是（　　）。
A. 粗糙龙胆　　B. 条叶龙胆
C. 三花龙胆　　D. 坚龙胆
E. 高山龙胆
参考答案：AC
答案解析：粗糙龙胆、三花龙胆和条叶龙胆习称关龙胆或龙胆；条叶龙胆主产东北，因江苏等省亦产，虽产量小，但是也习称“苏龙胆”；坚龙胆习称“川龙胆”，主产于西南地区。

72. 下列来源于龙胆科的生药有（　　）。
A. 秦艽　　B. 秦皮
C. 龙胆　　D. 当药
E. 青叶胆
参考答案：ACDE
答案解析：秦皮来源于木犀科。

73. 下列生药有毒性的是（　　）。
A. 香加皮　　B. 五加皮
C. 半夏　　D. 牡丹皮
E. 巴豆
参考答案：ACE
答案解析：五加皮来源于五加科，牡丹皮来源于毛茛科，均无毒性。

74. 广藿香的主产地有（　　）。
A. 海南　　B. 广东
C. 广西　　D. 福建
E. 云南

参考答案：AB
答案解析：略。
75. 下列来源于唇形科的生药是（　　）。
A. 紫苏叶　　B. 益母草
C. 夏枯草　　D. 薄荷
E. 广藿香
参考答案：ABCDE
答案解析：略。
76. 丹参粉末镜检，可见（　　）。
A. 石细胞
B. 韧皮纤维梭形
C. 木纤维成束，长梭形
D. 韧皮薄壁细胞纺锤形
E. 木栓细胞黄棕色，细胞壁含红棕色色素
参考答案：ABCE
答案解析：略。
77. 下列为浆果的果实类生药是（　　）。
A. 枸杞子　　B. 五味子
C. 山楂　　D. 连翘
E. 枳实
参考答案：AB
答案解析：山楂为梨果，连翘为蒴果，枳实为柑果。
78. 洋金花的粉末特征是（　　）。
A. 花粉粒类球形或长圆形，表面有条纹状雕纹
B. 非腺毛 1～5 细胞，壁具疣状突起
C. 腺毛两种，长腺毛与短腺毛
D. 花冠表皮细胞气孔不定式
E. 可见簇晶、方晶、砂晶
参考答案：ABCDE
答案解析：略。
79. 下列为枸杞子性状特征的是（　　）。
A. 果实呈类纺锤形或椭圆形
B. 表面红色或暗红色
C. 果皮柔韧，皱缩；果肉肉质，柔润
D. 种子肾形
E. 味甜、微酸
参考答案：ABCDE
答案解析：略。
80. 下列关于地黄的说法正确的是（　　）。
A. 河南产者为佳
B. 生地黄质地坚硬，不易折断
C. 熟地黄表面乌黑色，有光泽，黏性大
D. 鲜地黄肉质，易断
E. 鲜地黄与生地黄含环烯醚萜苷类
参考答案：ACDE
答案解析：生地黄质地较软而韧。
81. 来源于茜草科的生药有（　　）。
A. 钩藤　　B. 栀子
C. 巴戟天　　D. 红大戟
E. 茜草
参考答案：ABCDE
答案解析：略。
82. 金银花的粉末特征有（　　）。
A. 腺毛 2 种，一种头部类圆形，另一种头部倒圆锥形
B. 非腺毛两种，薄壁非腺毛和厚壁非腺毛
C. 花粉粒类球形，表面有短刺状雕纹
D. 草酸钙簇晶
E. 晶纤维
参考答案：ABCD
答案解析：不含晶纤维。
83. 下列在显微结构中存在木间韧皮部的是（　　）。
A. 黄连　　B. 黄芩
C. 天花粉　　D. 甘草
E. 沉香
参考答案：CE
答案解析：略。
84. 天花粉的粉末镜检，可见（　　）。
A. 油室　　B. 石细胞
C. 黏液细胞　　D. 淀粉粒
E. 具缘纹孔导管
参考答案：BDE
答案解析：天花粉无油室及黏液细胞。
85. 以下生药，药用原植物相同的是（　　）。
A. 黄芪，红芪
B. 板蓝根，大青叶
C. 地骨皮，枸杞子
D. 天花粉，瓜蒌
E. 麦冬，天冬
参考答案：BCD
答案解析：略。
86. 桔梗粉末镜检可见（　　）。
A. 嵌晶纤维
B. 分枝状石细胞
C. 菊糖
D. 乳汁管连接成网状
E. 梯纹、网纹及具缘纹孔导管
参考答案：CDE
答案解析：桔梗组织结构中无嵌晶纤维及分枝状石细胞。
87. 薄壁细胞中含菊糖的药材有（　　）。
A. 桔梗　　B. 党参

C. 白术　　D. 苍术
E. 木香
参考答案：ABCDE
答案解析：桔梗科、菊科和龙胆科植物组织结构中含菊糖，桔梗与党参来源于桔梗科，白术、苍术、木香来源于菊科。

88. 显微特征中有乳汁管结构的生药是（　　）。
A. 桔梗　　B. 党参
C. 白术　　D. 苍术
E. 木香
参考答案：AB
答案解析：白术、苍术、木香来源于管状花亚科，无乳汁管结构。

89. 青蒿的显微特征包括（　　）。
A. 表皮细胞垂周壁波状弯曲
B. 气孔不定式
C. 丁字形非腺毛
D. 椭圆形腺毛
E. 腺鳞
参考答案：ABCD
答案解析：未见腺鳞。

90. 菊科植物的特征是（　　）。
A. 具有乳汁管或树脂道
B. 头状花序，外有总苞
C. 花萼退化成鳞片状、冠毛状、刺状或缺如；花冠管状、舌状
D. 聚药雄蕊，雌蕊 2 心皮 1 室
E. 瘦果
参考答案：ABCDE
答案解析：略。

91. 来源于菊科的生药有（　　）。
A. 莪术　　B. 白术
C. 白芍　　D. 苍术
E. 木香
参考答案：BDE
答案解析：莪术来源于姜科，白芍来源于毛茛科。

92. 红花的粉末中可见（　　）。
A. 分泌细胞长管状，内含黄色或红棕色分泌物
B. 花粉粒具 3 个萌发孔，外壁有齿状突起
C. 花柱表皮细胞分化为圆锥形单细胞毛
D. 花冠顶端表皮细胞外壁突起呈短柔毛状
E. 薄壁细胞中含菊糖
参考答案：ABCD
答案解析：略。

93. 菊花按产地和加工不同可分为（　　）。
A. 亳菊　　B. 滁菊
C. 贡菊　　D. 怀菊
E. 杭菊
参考答案：ABCDE
答案解析：还有川菊、济菊、祁菊。

94. 显微结构中具有油室的生药是（　　）。
A. 当归　　B. 柴胡
C. 木香　　D. 苍术
E. 川芎
参考答案：ABCDE
答案解析：略。

95. 显微结构中具有菊糖和油室的生药是（　　）。
A. 丁香　　B. 桔梗
C. 木香　　D. 苍术
E. 川芎
参考答案：CD
答案解析：丁香与川芎含油室无菊糖，桔梗有菊糖无油室。

96. 来源于禾本科植物的生药是（　　）。
A. 淡竹叶　　B. 竹茹
C. 白茅根　　D. 薏苡仁
E. 天竺黄
参考答案：ABCDE
答案解析：略。

97. 半夏的性状特征为（　　）。
A. 类球形，有的稍偏斜
B. 表面白色或浅黄色
C. 顶端具棕色麻点状须根痕
D. 质坚实，断面洁白，富粉性
E. 味辛辣，嚼之发黏，麻舌而刺喉
参考答案：ABCDE
答案解析：略。

98. 下列关于麦冬的描述，正确的为（　　）。
A. 纺锤形
B. 表面黄白色，具细纵纹
C. 断面黄白色，半透明，皮部宽阔
D. 嚼之有黏性
E. 来源于兰科
参考答案：ABCD
答案解析：麦冬来源于百合科。

99. 贝母商品品种有（　　）。
A. 川贝母　　B. 浙贝母
C. 伊贝母　　D. 平贝母
E. 湖北贝母
参考答案：ABCDE
答案解析：略。

100. 西红花的性状特征为（　　）。
A. 线形，分三叉，暗红色

B. 柱头顶端边缘有不整齐的齿状，内侧有一短裂隙
C. 体轻、质松软，有油润光泽
D. 气特异，微有刺激性，味微苦
E. 浸水中，水被染成金黄色，水面有油状物漂浮
参考答案：ABD
答案解析：西红花无油润光泽，水试水面不应有油状物漂浮，无沉淀。

101. 下列药用部位为根茎的生药是（　　）。
A. 砂仁　　B. 莪术
C. 姜黄　　D. 郁金
E. 豆蔻
参考答案：BC
答案解析：砂仁与豆蔻是果实，郁金为根。

102. 姜科植物的主要特征为（　　）。
A. 多年生草本，具块茎或根茎，通常有芳香或辛辣味
B. 单叶互生，常 2 列状排列
C. 能育雄蕊 1 枚，花丝细长具槽
D. 子房下位，3 心皮合生为 3 室
E. 蒴果，种子具假种皮
参考答案：ABCDE
答案解析：略。

103. 来源于兰科植物的生药有（　　）。
A. 白及　　B. 石斛
C. 天麻　　D. 手参
E. 麦冬
参考答案：ABCD
答案解析：麦冬来源于百合科。

104. 天麻的性状特征有（　　）。
A. 块茎呈长椭圆形
B. 顶端有红棕色干枯顶芽或残留茎基
C. 基部有圆脐形瘢痕
D. 表面有多轮点状突起排列的横环纹
E. 断面平坦，黄白色，粉性
参考答案：ABCD
答案解析：断面角质样。

105. 白及的性状特征有（　　）。
A. 呈不规则扁圆形，多有 2～3 个爪状分枝
B. 表面灰白色或黄白色，有数圈棕褐色同心环节
C. 质柔韧，断面可见散在的点状维管束
D. 断面类白色，半透明，角质样
E. 味甜，嚼之有黏性
参考答案：ABD
答案解析：白及质地坚硬，味苦。

二、填空题

1. 地衣植物按生长形态，可分为________、________和________。
参考答案：壳状地衣 叶状地衣 枝状地衣

2. 生药绵马贯众来源于________科植物________的干燥根茎和叶柄残基。
参考答案：鳞毛蕨 粗茎鳞毛蕨

3. 生药麻黄来源于________科植物________、________或________的干燥草质茎。
参考答案：麻黄 草麻黄 中麻黄 木贼麻黄

4. 裸子植物门分为________、________、________、________和________等五纲。
参考答案：苏铁纲 银杏纲 松柏纲 红豆杉纲 买麻藤纲

5. 生药细辛来源于________科植物________、________或________的干燥根及根茎。
参考答案：马兜铃 北细辛 汉城细辛 华细辛

6. 生药大黄来源于________科植物________、________或________的干燥根及根茎。
参考答案：蓼 掌叶大黄 唐古特大黄 药用大黄

7. 生药黄连来源于________科植物________、________或________的干燥根茎。
参考答案：毛茛 黄连 三角叶黄连 云南黄连

8. 生药川乌来源于________科植物________的干燥________，附子来源于________科植物________的________。
参考答案：毛茛 卡氏乌头 母根 毛茛 卡氏乌头 子根加工品

9. 生药厚朴来源于________科植物________或________的干燥________。
参考答案：木兰 厚朴 凹叶厚朴 干皮、根皮及枝皮

10. 生药板蓝根来源于________科植物________的干燥________，同种植物的叶入药称为________。
参考答案：十字花 菘蓝 根 大青叶

11. 蔷薇科根据叶、心皮数、子房位置和果实类型分为四个亚科：________亚科、________亚科、________亚科、________亚科。
参考答案：绣线菊 蔷薇 梅（李） 苹果（梨）

12. 苦杏仁研碎后加水放置，苦杏仁苷受苦杏仁酶的作用，生成________、________、________，其中________具有止咳平喘的作用。
参考答案：氢氰酸 苯甲醛 葡萄糖 氢氰酸

13. 生药甘草来源于________科植物________、________、________的干燥________。
参考答案：豆 乌拉尔甘草 光果甘草 胀果甘草 根及根茎

14. 生药柴胡来源于________科植物________或________的干燥________，前者称为________，

后者称为________。
参考答案：伞形 华柴胡 狭叶柴胡　根 北柴胡 南柴胡
15. 生药龙胆来源于龙胆科植物______、______、________或________的干燥________，前三种习称________，后一种习称称________。
参考答案：粗糙龙胆 条叶龙胆 三花龙胆 坚龙胆 根及根茎 龙胆或关龙胆 川龙胆
16. 生药丹参来源于________科植物________的干燥________。
参考答案：唇形 丹参 根及根茎
17. 菊科植物按花冠类型可分为________亚科和________亚科，其中________亚科的植物整个花序全为管状花或中央为管状花周围为舌状花，植物体无乳汁。
参考答案：管状花 舌状花 管状花
18. 禾本科植物可分为________亚科和________亚科，其中________亚科多为草本植物。
参考答案：禾 竹 禾
19. 半夏的炮制品有_______、_______、_______。
参考答案：法半夏 姜半夏 清半夏
20. 浙贝商品药材按规格分为_______和_______。
参考答案：大贝（元宝贝） 珠贝
21. 川贝母商品可分为________、_________和________。
参考答案：松贝 青贝 炉贝
22. 天麻须与膨胭菌科__________和小菇科__________共生，才能使种子萌发形成原球茎并生长。
参考答案：蜜环菌 紫萁小菇

三、名词解释

1. 孢子体
参考答案：
植物世代交替的生活史中，产生孢子和具 2 倍数染色体的植物体，由受精卵发育而来。
2. 配子体
参考答案：
产生配子和具单倍数染色体数的植物体，由孢子成熟后，在适宜条件下萌发形成。
3. 星点
参考答案：
大黄根茎髓部的异常维管束，形如星状或线纹状的星点。
4. 云锦状花纹
参考答案：
何首乌根皮部常有 4～11 个类圆形的异型维管束环列，形成云锦状花纹。
5. 过桥
参考答案：
黄连的根茎节间，有的表面平滑如茎秆，习称“过桥”。
6. 鸡爪黄连
参考答案：
味连根茎多簇状分枝，弯曲互抱，形如倒鸡爪状，习称“鸡爪黄连”。
7. 铁线纹
参考答案：
山参主根上部细密深黑的横环纹。
8. 子芩
参考答案：
将黄芩新根色鲜黄、内部充实者称为子芩、条芩或枝芩。
9. 狮子盘头
参考答案：
某些根类药材根头部有多数疣状突起的芽痕及茎痕，膨大突起，形状如狮子头，习称“狮子盘头”，如党参、三七。
10. 金井玉栏
参考答案：药材横切面上，皮部黄白色，木部黄色或淡黄色，称为“金井玉栏”，如黄芪、桔梗、板蓝根。
11. 朱砂点
参考答案：某些根及根茎类药材的横切面，有油室等分泌组织形成的橙色或红棕色的油点，称为“朱砂点”，如苍术。
12. 起霜
参考答案：茅苍术根茎横切面暴露稍久，析出白色细针状结晶物的现象，称为“起霜”，又称“吐脂”。
13. 油头
参考答案：川木香根头部可见黑色发黏的胶状物，习称“油头”。
14. 错入组织
参考答案：槟榔的种皮与外胚乳的折合层嵌入内胚乳中形成的结构。
15. 怀中抱月
参考答案：松贝外层鳞叶 2 瓣，大小悬殊，大瓣紧抱小瓣，未抱部分呈新月形，习称“怀中抱月”。
16. 观音合掌
参考答案：青贝外层鳞叶 2 瓣，大小相近，相对抱合不紧，习称“观音合掌”。
17. 虎皮斑
参考答案：炉贝表面类白色或淡棕色，较粗糙，常具棕色斑点，习称“虎皮斑”。

18. 合蕊柱
参考答案：兰科等植物雄蕊与花柱合生，称为合蕊柱。
19. 鹦哥嘴
参考答案：天麻中冬麻块茎顶端的红棕色干枯的顶芽，习称“鹦哥嘴”。
20. 铁皮枫斗
参考答案：铁皮石斛的茎边加热边扭曲成螺旋状或弹簧状，烘干，习称“铁皮枫斗”。

四、判断题

1. 高等真菌菌体有多种颜色，这是菌体内部有色体呈现的颜色。（　　）
参考答案：×
答案解析：真菌不含质体，高等真菌菌体呈现的颜色，是细胞壁的颜色。
2. 蓝藻门植物是最低等的原核生物。（　　）
参考答案：√
答案解析：略。
3. 地衣植物是一类藻菌共生体。（　　）
参考答案：√
答案解析：略。
4. 苔纲植物是一类茎叶体。（　　）
参考答案：×
答案解析：苔纲植物为有背腹之分的叶状体，藓纲植物为茎叶体。
5. 绵马贯众含间苯三酚类衍生物绵马精，性质不稳定，故绵马贯众不宜久储。（　　）
参考答案：√
答案解析：略。
6. 麻黄的主要成分为生物碱，伪麻黄碱具有平喘作用，麻黄碱具有消炎作用。（　　）
参考答案：×
答案解析：麻黄碱具有平喘作用，伪麻黄碱具有消炎作用。
7. 马兜铃科植物大多含有马兜铃酸类或马兜铃内酰胺类成分，长期服用易致肾衰竭。（　　）
参考答案：√
答案解析：略。
8. 大黄的根与根茎的髓部具有星点。（　　）
参考答案：×
答案解析：大黄根无星点。
9. 怀牛膝与川牛膝是生药牛膝的不同商品品种。（　　）
参考答案：×
答案解析：怀牛膝指产于河南怀县的生药牛膝，川牛膝是主产于四川的生药川牛膝，两者是两种不同的生药。
10. 生川乌与生附子均具大毒。（　　）
参考答案：√
答案解析：略。
11. 赤芍为未去外皮的白芍。（　　）
参考答案：×
答案解析：赤芍来源于毛茛科芍药和川赤芍的干燥根，不经煮，不去外皮，赤芍的药用原植物与加工方法与白芍有所不同。
12. 淫羊藿的气孔轴式为不等式。（　　）
参考答案：×
答案解析：淫羊藿的气孔轴式为不定式。
13. 关木通因含有马兜铃酸类，不再作药用。（　　）
参考答案：√
答案解析：略。
14. 北五味子与南五味子为《中国药典》中五味子的两个商品品种。（　　）
参考答案：×
答案解析：北五味子即《中国药典》中五味子，南五味子为另一品种的生药。
15. 乌药为樟科植物聚合山胡椒的干燥块根。（　　）
参考答案：√
答案解析：略。
16. 阿片由罂粟科植物罂粟的未成熟核果经割破果皮后渗出的乳汁干燥制成。（　　）
参考答案：×
答案解析：罂粟的果实为蒴果。
17. 北板蓝根与南板蓝根为两种不同的生药品种，来源于不同的科。（　　）
参考答案：√
答案解析：略。
18. 口服大量苦杏仁易产生中毒。（　　）
参考答案：√
答案解析：苦杏仁苷的分解产物氢氰酸大量会导致中毒。
19. 木瓜为蔷薇科植物贴梗海棠的干燥近成熟果实，习称“光皮木瓜”。（　　）
参考答案：×
答案解析：习称“皱皮木瓜”。
20. 生药黄芪以野生的膜荚黄芪质量最好。（　　）
参考答案：×
答案解析：黄芪以栽培的蒙古黄芪质量最好。
21. 甘草以内蒙古与甘肃、宁夏交界部分地区所产乌拉尔甘草质量最好。（　　）

参考答案：√
答案解析：略。
22. 乳香和没药均来源于橄榄科。(　　)
参考答案：√
答案解析：略。
23. 大戟科植物多数有毒。(　　)
参考答案：√
答案解析：略。
24. 人参与高丽参的药用原植物来源于同科同属同种。(　　)
参考答案：√
答案解析：产于我国的称人参，产于韩国或朝鲜的称高丽参。
25. 柴胡属于全草类药材。(　　)
参考答案：×
答案解析：柴胡的药用部位为根。
26. 禹白芷与川白芷的药用原植物均为白芷。(　　)
参考答案：×
答案解析：禹白芷与祁白芷的药用原植物是白芷，杭白芷与川白芷的药用原植物是杭白芷。
27. 马钱子有大毒，须炮制后使用。(　　)
参考答案：√
答案解析：略。
28. 北五加皮可代南五加皮用，两者可混用。(　　)
参考答案：×
答案解析：南五加皮即为五加皮，北五加皮为香加皮，有毒，生产和使用时应注意两者的准确鉴别，避免以香加皮混用作五加皮。
29. 薄荷叶属于等面叶。(　　)
参考答案：×
答案解析：薄荷叶为典型的异面叶。
30. 洋金花主含东莨菪碱，有毒。(　　)
参考答案：√
答案解析：略。
31. 鲜地黄、生地黄、熟地黄从功效上分类，均属于清热药。(　　)
参考答案：×
答案解析：熟地黄为补血药。
32. 河南密县所产金银花质量最好，称为“密银花”。(　　)
参考答案：√
答案解析：略。
33. 山银花功效与金银花相同，可代用金银花。(　　)
参考答案：×
答案解析：两者功效相同，但山银花的皂苷与绿原酸含量远高于金银花，皂苷直接入血可引起溶血、过敏等多种不良反应，因此两者不得随意替代。
34. 产于山西五台山地区的野生党参习称“野台党”，被视为党参珍品。(　　)
参考答案：√
答案解析：略。
35. 半边莲为来源于桔梗科的全草类药材。(　　)
参考答案：√
答案解析：半边莲来源于桔梗科植物半边莲的干燥全草。
36. 白茅根的入药部位为根。(　　)
参考答案：×
答案解析：白茅根为禾本科植物白茅的干燥根茎。
37. 生半夏有毒，一般炮制后应用。(　　)
参考答案：√
答案解析：略。
38. 姜科植物与兰科植物均仅有 1 枚能育雄蕊。(　　)
参考答案：√
答案解析：略。
39. 春麻质量较冬麻好。(　　)
参考答案：×
答案解析：冬麻体重饱满质佳，春麻体松多皱缩质次。
40.《中国药典》中木香产于四川者习称川木香，产于云南者习称云木香。(　　)
参考答案：×
答案解析：云木香与川木香是两个不同的生药品种。木香为菊科植物木香的干燥根，因其主产于云南，习称云木香；川木香为川木香及灰毛川木香的干燥根，主产于四川。

五、问答题

1. 简述冬虫夏草的性状鉴别要点。
参考答案：
虫体似蚕，表面棕黄色或灰黄褐色，有环纹 20～30 条；头部红棕色；腹部有足 8 对，中部 4 对明显；质脆易折断，断面略平坦，淡黄白色，有“一”字纹或“V”字纹。头部生有细棒球棍状子座，单一，表面深棕色至深褐色，有细纵皱纹，上部稍膨大；质柔韧，断面类白色。气微腥，味微苦。
2. 简述赤芝与紫芝的性状特征的区别。
参考答案：
赤芝表面黄褐色至红褐色，有光泽，菌肉白色至淡棕色，菌柄长 7～15cm；紫芝表面紫黑色，有漆样光泽，菌肉锈褐色，菌柄长 17～23cm。

3. 试述草麻黄、中麻黄、木贼麻黄性状特征的共同点，并从性状特征和显微特征两个方面比较三种麻黄。

参考答案：

三种麻黄性状上的共同点：均具节与节间，表面具纵棱线，叶退化成膜质鳞叶，基部联合成筒状，折断时有粉尘飞出，断面髓部红棕色，味苦涩。

性状特征比较：

	草麻黄	中麻黄	木贼麻黄
分枝	少分枝	多分枝	多分枝
表面	微粗糙，细纵棱 18～20 条	粗糙，细纵棱 18～28 条	无粗糙感，细纵棱 13～14 条
节间	2～6cm	2～6cm	1.5～3cm
鳞叶	2（稀 3）裂，锐三角形，先端反卷	3（稀 2）裂，裂片先端尖锐，稍反卷	2（稀 3）裂，短三角形，先端多不反卷
髓部	类圆形	类三角形	类圆形

显微特征比较：

	草麻黄	中麻黄	木贼麻黄
棱脊	18～20 条	18～28 条	13～14 条
维管束	8～10 个	12～15 个	8～10 个
形成层	类圆形	类三角形	类圆形
环髓纤维	偶见	多	无

4. 试比较裸子植物门与被子植物门的特征。

参考答案：

裸子植物门	被子植物门
心皮不包卷形成子房，不形成果实	心皮包卷形成子房，形成果实
胚珠和种子裸露	胚珠被子房包被，种子被果实包被
不形成真正的花，由小孢子叶形成小孢子叶球，由大孢子叶形成大孢子叶球	具有由花萼、花冠、雄蕊群和雌蕊群组成的真正意义上的花
孢子体发达，多为乔木，少灌木和藤本，多常绿；维管束中的输导组织多为管胞和筛胞	孢子体更为发达，适应性更强，有乔木、灌木和草本，常绿或落叶；输导组织多为导管和筛管，特有伴胞
配子体退化，具颈卵器或颈卵器退化的痕迹	配子体进一步退化，无颈卵器
具有多胚现象	特有双受精现象，种子中具 1 个胚

5. 试比较双子叶植物与单子叶植物的形态特征。

参考答案：

	双子叶植物	单子叶植物
子叶	2 枚	1 枚
根系	直根系	须根系
茎	维管束呈环状排列，具形成层	维管束呈散状排列，无形成层
叶	网状叶脉	平行或弧形叶脉
花	通常为 5 或 4 基数	通常为 3 基数
花粉粒	具 3 个萌发孔	具单个萌发孔

6. 试比较毛茛科与木兰科植物形态特征的异同。

参考答案：

	毛茛科	木兰科
不同点	草本或藤本，无油细胞，无香气	木本，体内具油细胞，有香气
	单叶或复叶，叶片多缺刻或分裂，无托叶	单叶互生，通常全缘，托叶大，托叶环明显
	聚合蓇葖果或聚合瘦果	聚合蓇葖果或聚合浆果
共同点	雄蕊和心皮多数，离生，螺旋状排列	

7. 比较黄连商品药材味连、雅连、云连的性状特征与横切面显微特征的区别。

参考答案：

	味连	雅连	云连
性状特征	簇状分枝，弯曲互抱，形如鸡爪，有过桥	多为单枝，略呈圆柱形，微弯曲，过桥较长	多为单枝，较细小，弯曲如钩状，形如蝎尾，过桥无或较短
横切面显微特征	皮层有石细胞，髓部偶有或无石细胞	皮层及髓部有较多石细胞	皮层及髓部均无石细胞

8. 简述厚朴干皮与肉桂在性状鉴别、横切面显微特征、粉末特征的区别。

参考答案：

	厚朴	肉桂
性状特征	卷筒状或双卷筒状	浅槽状、卷筒状或板片状
	外表粗糙，鳞片状，有椭圆形或梭形皮孔及不规则纵皱纹；内表面紫棕色	外表面稍粗糙，有多数突起的皮孔及少数横裂纹，并有灰色地衣斑；内表面棕红色
	质坚硬不易折断，折断面外侧颗粒性，可见光亮的小结晶，内侧纤维性	质坚实而脆，折断面颗粒性，外层棕色，内层红棕色，两层间有一淡黄色线纹
	气香，味辛辣、微苦	气香浓烈，味甜、辣

续表

	厚朴	肉桂
横切面显微特征	栓内层为石细胞环带	无栓内层石细胞环带
	皮层散有石细胞群、分枝状石细胞及油细胞	皮层散有石细胞、油细胞和黏液细胞
	无中柱鞘石细胞环带	中柱鞘部位有石细胞群排列成连续的环带
	韧皮部纤维束和油细胞众多	韧皮部纤维常单个，油细胞随处可见，有黏液细胞，射线细胞含草酸钙针晶
	薄壁细胞含方晶及淀粉粒	薄壁细胞含淀粉粒
粉末特征	纤维多成束	纤维单个散在，长梭形
	石细胞分枝状、类长圆形、类多角形	石细胞类方形、类圆形
	无黏液细胞	有黏液细胞
	方晶	针晶

9. 比较北五味子与南五味子的基源与性状特征的区别。

参考答案：

	北五味子	南五味子
基源	木兰科植物五味子的干燥成熟果实	木兰科植物华中五味子的干燥成熟果实
性状	表面红色、紫红色或暗红色，显油润，有的表面呈黑红色或出现“白霜”，果肉柔软；种子肾形，有光泽；果肉味酸	表面棕红色至暗棕色，干瘪，油性小，果皮紧贴种子上；种子稍小，种皮薄而脆；果肉味微酸

10. 比较园参与林下山参的性状特征区别。

参考答案：

	园参	林下山参
主根	圆柱形或纺锤形，表面灰黄色，上部或全体有疏浅断续的粗横纹	与根茎等长或较短呈圆柱形、菱角形或人字形，表面灰黄色，具纵皱纹，上部或中下部有环纹
支根	2～3 条	2～3 条
须根	多数，细长，珍珠疙瘩不明显	少而细长，清晰不乱，具较明显的珍珠疙瘩
根茎	较主根短细，具有不定根和稀疏的凹窝状茎痕	细长，中上部具稀疏或密集而深陷的茎痕，不定根较细，多下垂

11. 简述当归的性状、粉末特征及功效。

参考答案：

性状特征：药材略呈圆柱形，主根（归身）粗短；根头部（归头）膨大，钝圆，残留根茎痕和鳞片状叶柄残基；支根（归尾）数条，多扭曲。表面黄棕色，有纵皱纹，横长皮孔。质柔韧，断面黄白色，皮部有多数棕色油点及裂隙，形成层环棕色。香气浓郁，味甘、辛、微苦。

粉末特征：韧皮薄壁细胞纺锤形，梯纹及网纹导管多见，可见油室和油管碎片、淀粉粒。

功效：性温，味甘、辛。补血活血，调经止痛，润肠通便。

12. 从来源、性状、显微特征比较北柴胡与南柴胡。

参考答案：

	北柴胡	南柴胡
来源	柴胡	狭叶柴胡
形状	常分枝，根头部具 3～15 个茎基或纤维状叶残基	多不分枝，根头部有多数细毛状枯叶纤维
表面	黑褐色或浅棕色，具纵皱纹、支根痕和皮孔	红棕色或黑棕色，根头处多具细环纹
质地	硬而韧，不易折断，断面片状纤维性	稍软，易折断，断面略平坦，不显纤维性
气味	气微香，味微苦	具败油气
显微特征	木纤维成群，环状排列导管切向排列	木纤维很少导管径向排列

13. 试述伞形科植物的主要形态特征，并列举该科 5 种根及根茎类生药。

参考答案：

特征：草本，富含挥发油，有香气，茎中空，表面常有纵棱。叶互生或基生，一至多回三出羽状复叶或羽状分裂，叶柄基部膨大成鞘状。花小，集成单伞形或复伞形花序;花瓣与雄蕊同数 5 枚，子房下位，2 心皮合生，2 室，每室胚珠 1 枚，花柱 2，基部膨大成盘状或短圆状的花柱基，柱头头状。双悬果。举例：当归、柴胡、川芎、白芷、羌活。

14. 试比较黄连和黄芩粉末特征的区别。

参考答案：

	黄连	黄芩
粉末颜色	棕黄色	黄色
石细胞	鲜黄色，类圆形、类方形、类多角形或稍延长	淡黄色，类圆形、类方形、纺锤形或不规则形，壁较厚
韧皮纤维	成束，鲜黄色，纺锤形或长梭形，壁较厚，可见纹孔	单个或成群，微黄色，梭形，两端尖或圆钝
木纤维	成束，鲜黄色，裂隙状纹孔	微木化，有斜纹孔及具缘纹孔

续表

	黄连	黄芩
韧皮薄壁细胞	未见	纺锤形或长圆形，壁常呈连珠状增厚
木薄壁细胞	类长方形、梭形或不规则形，较大，木化	纺锤形，伴导管旁，壁厚，非木化，中部有横隔
鳞叶表皮细胞	绿黄色或黄棕色，略呈长方形，壁微波状弯曲	无
导管	孔纹导管	网纹导管、具缘纹孔导管
小方晶	有	无

15. 比较茅苍术与北苍术的性状特征的区别。

参考答案：

	茅苍术	北苍术
形状	不规则连珠状或结节状圆柱形	疙瘩状或结节状圆柱形
表面颜色	灰棕色	黑棕色
质地	坚实，易折断	较疏松
断面特征	散有橙黄色或棕红色油室（"朱砂点"），暴露稍久可析出白色细针状结晶（"起霜"）	散有黄棕色油室，不"起霜"
气味	气香特异，味微甘、辛、苦	香气较淡，味辛、苦

16. 川贝母的商品药材分哪几类？各自的性状鉴别要点是什么？

参考答案：

川贝母的商品药材可分为松贝、青贝和炉贝。性状鉴别要点如下。

松贝：呈类圆锥形或近球形，外层鳞叶 2 瓣，大小悬殊，大瓣紧抱小瓣，未抱部分呈新月形，习称"怀中抱月"。

青贝：呈类扁球形，外层鳞叶 2 瓣，大小相近，相对抱合不紧，习称"观音合掌"。

炉贝：呈长圆锥形，表面类白色或淡棕色，较粗糙，有的具棕色斑点，习称"虎皮斑"。

动物类生药

一、选择题

A 型题（最佳选择题）

1. 鹿茸的药用部位是（　　）。
A. 雄鹿的角
B. 雌鹿的角
C. 雄鹿或雌鹿的角
D. 雄鹿未骨化的密生茸毛的幼角
E. 雄鹿或雌鹿未骨化的密生茸毛的幼角
参考答案：D
答案解析：鹿茸为鹿科动物梅花鹿或马鹿的雄鹿未骨化的密生茸毛的幼角，雌鹿无角。

2. 具有一个分枝的梅花鹿茸称为（　　）。
A. 头茬茸　　B. 二茬茸
C. 二杠　　D. 莲花
E. 三岔
参考答案：C
答案解析：略。

3. 具有一个分枝的马鹿茸称为（　　）。
A. 单门　　B. 莲花
C. 三岔
D. 四岔　　E. 二杠
参考答案：A
答案解析：略。

4. 麝香仁灼烧时的现象为（　　）。
A. 冒黑烟，出油点，有焦臭味
B. 初则迸裂，随即融化膨胀起泡似珠，香气浓烈四溢
C. 初则迸裂，随即融化膨胀起泡似珠，火星四射
D. 初则迸裂，随即融化膨胀起泡似珠，冒黑烟
E. 冒黑烟，出油点，香气四溢
参考答案：B
答案解析：略。

5. 麝香仁灰化后的现象为（　　）。
A. 残渣呈白色或灰白色
B. 无残渣
C. 残渣呈黑色
D. 残渣呈棕色
E. 残渣呈灰黑色
参考答案：A
答案解析：略。

6. 麝香的主要香气成分是（　　）。
A. 麝香吡啶　　B. 羟基麝香吡啶
C. 氨基酸　　D. 麝香酮
E. 麝香脂
参考答案：D
答案解析：略。

7. 药材粉末加五氯化锑共研，香气消失，再加氨水少许共研，香气恢复，该药材是（　　）。
A. 牛黄　　B. 沉香
C. 熊胆　　D. 降香
E. 麝香
参考答案：E
答案解析：略。

8. “当门子”是下列哪一生药的性状鉴别特征（　　）。
A. 鹿茸　　B. 牛黄
C. 蟾酥　　D. 麝香
E. 阿胶
参考答案：D
答案解析：略。

9. 具有冒槽现象的生药是（　　）。
A. 蟾酥　　B. 鹿茸
C. 麝香　　D. 牛黄
E. 阿胶
参考答案：C
答案解析：略。

10. 下列术语，除哪一项均可用于麝香的性状鉴别（　　）。
A. 当门子　　B. 冒槽
C. 散香　　D. 银皮
E. 挂甲
参考答案：E
答案解析：挂甲为牛黄的鉴定特征。

11. 牛黄来源于牛科动物牛的干燥（　　）。
A. 胆结石　　B. 肠道结石
C. 胃结石　　D. 肾结石
E. 粪便
参考答案：A
答案解析：略。

12. 牛的胆管结石称为（　　）。
A. 肝黄　　B. 管黄
C. 胆黄　　D. 雄黄
E. 雌黄
参考答案：B

答案解析：略。

13. “乌金衣”是下列哪一生药的性状鉴别特征（　　）。
A. 珍珠　B. 地龙
C. 牛黄　D. 麝香
E. 蟾酥
参考答案：C
答案解析：略。

14. 药材粉末的水液涂于指甲上，能使指甲染成黄色的生药是（　　）。
A. 熊胆　B. 牛黄
C. 番红花　D. 红花
E. 栀子
参考答案：B
答案解析：略。

15. 质酥脆，易分层剥落，断面金黄色，可见细密同心层纹的生药是（　　）。
A. 胆黄　B. 肝黄
C. 管黄　D. 麝香
E. 蟾酥
参考答案：A
答案解析：略。

16. 牛黄的气味是（　　）。
A. 气清香，味苦涩
B. 气清香，味苦，粘牙
C. 气清香，味甘而后苦，有清凉感
D. 气清香，味苦而后甘，有清凉感
E. 气清香，辛辣刺喉
参考答案：D
答案解析：牛黄气清香，味苦而后甘，有清凉感，嚼之易碎，不粘牙。

17. 天然牛黄主含（　　）。
A. 胆甾酸　B. 黄酮
C. 胆汁酸　D. 胆色素
E. 氨基酸
参考答案：D
答案解析：略。

18. 对胆黄性状特征描述错误的一项是（　　）。
A. 表面常挂有一层乌黑光亮的薄膜
B. 体轻，质酥脆，易分层剥落
C. 断面白色，纤维状
D. 气清香，味苦而后甘，有清凉感
E. 水液能挂甲
参考答案：C
答案解析：胆黄断面金黄色，可见细密的同心层纹。

19. 蟾酥断面沾水呈现隆起，其颜色为（　　）。
A. 乳白色　B. 黄色
C. 红棕色　D. 棕色
E. 黑色
参考答案：A
答案解析：略。

20. 气微腥，味初甜而后有持久的麻辣感，粉末嗅之作嚏，该生药是（　　）。
A. 牛黄　B. 蟾酥
C. 麝香　D. 珍珠
E. 地龙
参考答案：B
答案解析：略。

21. 阿胶的道地产区为（　　）。
A. 江苏启东　B. 河南武陵
C. 安徽亳州　D. 山东东阿
E. 吉林敖东
参考答案：D
答案解析：略。

22. “白颈”是哪一生药的性状特征（　　）。
A. 地龙　B. 蟾酥
C. 海马　D. 全蝎
E. 斑蝥
参考答案：A
答案解析：广地龙的第 14～16 节生殖带，较光亮，习称“白颈”。

23. 下列不是珍珠特征的是（　　）。
A. 具特有的彩色光泽
B. 质坚硬，破碎面显层纹
C. 气微，味淡
D. 火烧无爆裂声
E. 类球形、长圆形、卵圆形或棒状
参考答案：D
答案解析：珍珠火烧有爆裂声。

24. 海螵蛸来源于乌贼科动物（　　）的干燥内壳。
A. 金乌贼　B. 目乌贼
C. 无针乌贼或金乌贼　D. 目乌贼或金乌贼
E. 无针乌贼
参考答案：C
答案解析：略。

25. 表面灰黄色，被白色粉霜状的气生菌丝和分生孢子的生药是（　　）。
A. 斑蝥　B. 蛤蚧
C. 全蝎　D. 地龙
E. 僵蚕
参考答案：E
答案解析：略。

26. 僵蚕腹部有足（ ）对。
A. 10 B. 8 C. 6 D. 4 E. 2
参考答案：B
答案解析：略。
27. 生药斑蝥中含有的抗癌活性成分是（ ）。
A. 色素 B. 斑蝥素
C. 脂肪 D. 树脂
E. 甲酸
参考答案：B
答案解析：略。
28. 关于全蝎的描述，不正确的是（ ）。
A. 来源于东亚钳蝎的干燥体
B. 气微腥，味咸
C. 有剧毒
D. 后腹部 6 节，末节有锐钩状毒刺
E. 以完整、色黄褐、盐霜少者为佳
参考答案：C
答案解析：全蝎有毒，不是剧毒。
29. 下列关于蛤蚧的性状特征，错误的是（ ）。
A. 吻部半圆形，吻鳞切鼻孔
B. 口内有细齿，无大型异齿
C. 背部灰黑色，有黄白色或灰绿色斑点散在
D. 四足均具 5 趾，趾间仅具蹼迹
E. 全身被细鳞，气腥，味微咸
参考答案：A
答案解析：蛤蚧的吻鳞不切鼻孔。
30. 蛤蟆油的药用部位为（ ）。
A. 卵巢 B. 精巢
C. 小肠 D. 脂肪油
E. 输卵管
参考答案：E
答案解析：略。

B 型题（配伍选择题）

[1～5]
A. 干燥卵鞘 B. 干燥内壳 C. 分泌物
D. 病理产物 E. 除去内脏的干燥体
1. 麝香的药用部位是（ ）。
2. 牛黄的药用部位是（ ）。
3. 桑螵蛸的药用部位是（ ）。
4. 海螵蛸的药用部位是（ ）。
5. 蛤蚧的药用部位是（ ）。
参考答案：1. C 2. D 3. A 4. B 5. E
答案解析：略。
[6～10]
A. 白颈 B. 胶口镜面 C. 当门子
D. 乌金衣 E. 连珠斑
6. 蕲蛇腹部有（ ）。
7. 广地龙有（ ）。
8. 天然牛黄表面有（ ）。
9. 麝香囊中有（ ）。
10. 僵蚕的断面显（ ）。
参考答案：6. E 7. A 8. D 9. C 10. B
答案解析：略。

X 型题（多项选择题）

1. 下列生药药用部位为动物的分泌物的是（ ）。
A. 牛黄 B. 麝香 C. 蟾酥
D. 珍珠 E. 鹿茸
参考答案：BC
答案解析：鹿茸为幼角，牛黄和珍珠为病理性产物。
2. 下列具有毒性的动物类生药是（ ）。
A. 信石 B. 全蝎 C. 斑蝥
D. 蕲蛇 E. 附子
参考答案：BCD
答案解析：信石为矿物类药材，附子为植物类药材。
3. 可进行微量升华鉴定的生药是（ ）。
A. 薄荷 B. 大黄 C. 斑蝥
D. 大青叶 E. 麻黄
参考答案：ABCDE
答案解析：略。
4. 下列生药中，炮制是为了降低或消除其毒性、刺激性和副作用的有（ ）。
A. 当归 B. 川乌 C. 斑蝥
D. 天麻 E. 半夏
参考答案：BCE
答案解析：川乌、半夏、斑蝥均有毒。
5. 麝香粉末鉴定可见（ ）。
A. 无定形颗粒状物集成半透明团块
B. 圆形油滴
C. 方形、柱形或不规则的晶体
D. 簇晶
E. 纤维
参考答案：ABC
答案解析：略。
6. 来源于鹿科动物的生药有（ ）。
A. 鹿茸 B. 麝香 C. 牛黄
D. 蟾酥 E. 阿胶
参考答案：AB
答案解析：略。
7. 下列以动物全体入药的是（ ）。
A. 地龙 B. 全蝎 C. 斑蝥
D. 鹿茸 E. 蛤蟆油

参考答案：ABC

答案解析：鹿茸为幼角，蛤蟆油为输卵管。

8. 麝香仁中“当门子”的性状是（　　）。

A. 质软、疏松、油润光亮

B. 表面紫黑色，微有麻纹

C. 香气浓烈特异

D. 断面深棕色或黄棕色

E. 味微辣、微苦带咸

参考答案：ABCDE

答案解析：略。

9. 蟾酥的性状特征是（　　）。

A. 呈扁圆形团块状或片状

B. 团块者质坚，不易折断，断面棕褐色，角质状

C. 片状者质脆易碎，断面红棕色，半透明

D. 气腥，味淡

E. 粉末嗅之作嚏

参考答案：ABCE

答案解析：蟾酥气微腥，味初甜而后有持久的麻辣感。

10. 马鹿茸的商品规格有（　　）。

A. 单门　　B. 二杠　　C. 莲花

D. 三岔　　E. 四岔

参考答案：ACDE

答案解析：二杠为花鹿茸。

二、填空题

1. 鹿茸为________科动物________或________的________。

参考答案：鹿 梅花鹿 马鹿 雄鹿未骨化密生茸毛的幼角

2. 麝香为________科动物________、________或________的________。

参考答案：鹿 林麝 马麝 原麝 成熟雄体香囊中的干燥分泌物

3. 牛黄为__________科动物__________的干燥________。

参考答案：牛 牛 胆结石

4. 蟾酥为________科动物________或________的________。

参考答案：蟾蜍 中华大蟾蜍 黑眶蟾蜍 干燥分泌物

三、名词解释

1. 二杠

参考答案：

具有一个侧枝的花鹿茸，主枝称为大挺，侧枝称为门庄。

2. 单门

参考答案：

具有一个侧枝的马鹿茸。

3. 莲花

参考答案：

具有两个侧枝的马鹿茸。

4. 当门子

参考答案：

呈不规则圆形或颗粒状的麝香仁，由于多集生在囊口，称之为当门子。

5. 银皮

参考答案：

麝香囊中脱落的内层皮膜。

6. 冒槽

参考答案：

将特制的槽针从毛壳麝香囊孔处插入，旋转，取出立即检视，槽内麝香仁逐渐膨胀，高出槽面的现象。

7. 挂甲

参考答案：

牛黄水液涂于指甲上，能将指甲染成黄色，并经久不褪色，称为挂甲。

8. 乌金衣

参考答案：

有的天然牛黄表面挂有一层黑色光亮的薄膜，称为乌金衣。

四、问答题

1. 简述花鹿茸头茬茸的性状鉴别特征。

参考答案：呈圆柱状分枝，具有一个侧枝者习称“二杠”，主枝称“大挺”，离锯口 1cm 处分出侧枝，侧枝称“门庄”，略细。外皮红棕色至棕色，多光润，表面密生红黄色或棕黄色细茸毛，分岔间有一条灰黑色筋脉。锯口黄白色，皮茸紧贴。外围无骨质，中部密布细孔。具两个分枝者习称“三岔”，下部多有纵棱筋及突起疙瘩；皮红黄色，茸毛较稀而粗。体轻，气微腥，味微咸。

2. 简述麝香的传统经验鉴别方法。

参考答案：①用特制的槽针从囊孔处插入毛壳麝香，旋转，取出立即检视，槽内麝香仁逐渐膨胀高出槽面，习称“冒槽”。麝香仁油润、疏松，无锐角，香气浓烈。②取麝香仁粉末少量，置手掌中，加水润湿，用手搓之能成团，再用手指轻揉即散，不应粘手、染手、顶指或结块。③取麝香仁少许放入坩埚中或锡纸上灼烧，有轻微爆破声、起油点如珠、香气四溢。应无毛肉焦臭味，无火焰或火星出现。灰化后，残渣呈白色或灰白色。

矿物类生药

一、选择题

A 型题（最佳选择题）

1. 燃烧时产生黄白色烟和强烈的蒜臭气的生药是（　　）。
A. 信石　　B. 芒硝　　C. 朱砂
D. 雄黄　　E. 石膏
参考答案：D
答案解析：雄黄燃烧易熔融成红紫色液体，产生黄白色烟和强烈的蒜臭气。

2. 下列矿物类生药不含结晶水的是（　　）。
A. 滑石　　B. 芒硝　　C. 雄黄
D. 胆矾　　E. 石膏
参考答案：C
答案解析：略。

3. 下列矿物类药材有剧毒的是（　　）。
A. 滑石　　B. 芒硝　　C. 自然铜
D. 石膏　　E. 信石
参考答案：E
答案解析：略。

4. 成分为 $Na_2SO_4 \cdot 10H_2O$ 的矿物药是（　　）。
A. 芒硝　　B. 石膏　　C. 信石
D. 滑石　　E. 玄明粉
参考答案：A
答案解析：略。

5. 具有绢丝样光泽的矿物类药材是（　　）。
A. 朱砂　　B. 石膏　　C. 信石
D. 滑石　　E. 雄黄
参考答案：B
答案解析：略。

6. 忌煅的矿物类药材是（　　）。
A. 磁石　　B. 赭石　　C. 雄黄
D. 龙骨　　E. 牡蛎
参考答案：C
答案解析：雄黄遇热易产生剧毒的三氧化二砷，所以忌用火煅。

7. 石膏主要含（　　）。
A. 碳酸钙　　B. 含水硫酸钙
C. 三氧化二砷　　D. 硫化汞
E. 氧化钙
参考答案：B
答案解析：略。

8. 断面有玻璃样光泽的生药是（　　）。
A. 芒硝　　B. 石膏　　C. 信石
D. 玄明粉　　E. 滑石
参考答案：A
答案解析：略。

9. 朱砂的性状特征是（　　）。
A. 具纤维状纹理，绢丝样光泽
B. 凹凸不平，有蜡样光泽
C. 质硬而脆，具金属光泽
D. 鲜红色或暗红色，具金刚样光泽
E. 较光滑，有金属光泽
参考答案：D
答案解析：略。

10. 粉末用盐酸湿润后，在光洁的铜片上摩擦，铜片表面显银白色光泽的生药是（　　）。
A. 石膏　　B. 自然铜　　C. 赭石
D. 雄黄　　E. 朱砂
参考答案：E
答案解析：略。

11. 暴露于空气中易风化，使表面覆盖一层白色粉末的生药是（　　）。
A. 炉甘石　　B. 朱砂　　C. 自然铜
D. 芒硝　　E. 赭石
参考答案：D
答案解析：略。

12. 微纤维状集合体，呈长方块、板块状或不规则块状的生药是（　　）。
A. 滑石　　B. 信石　　C. 石膏
D. 玄明粉　　E. 芒硝
参考答案：C
答案解析：略。

13. 经升华精制可制成砒霜的生药是（　　）。
A. 石膏　　B. 芒硝　　C. 朱砂
D. 滑石　　E. 信石
参考答案：E
答案解析：略。

14. 深红色或橙红色，晶体柱状，晶面具金刚石样光泽，断面具树脂样光泽的是（　　）。
A. 雄黄　　B. 石膏　　C. 芒硝
D. 信石　　E. 滑石
参考答案：A
答案解析：略。

15. 芒硝溶于水，加 5%～20%的萝卜共煮，滤过，滤液冷却结晶，经风化干燥可制得（　　）。
A. 滑石　B. 玄明粉　C. 砒霜
D. 信石　E. 石膏
参考答案：B
答案解析：略。

B 型题（配伍选择题）

[1～5]
A. $Na_2SO_4 \cdot 10H_2O$　B. $CaSO_4 \cdot 2H_2O$
C. HgS　D. As_2S_2
E. As_2O_3
鉴别试验：
1. 雄黄主含（　　）。
2. 信石主含（　　）。
3. 石膏主含（　　）。
4. 芒硝主含（　　）。
5. 朱砂主含（　　）。
参考答案：1. D　2. E　3. B　4. A　5. C
答案解析：略。

X 型题（多项选择题）

1. 含有结晶水的矿物药有（　　）。
A. 石膏　B. 信石　C. 玄明粉
D. 芒硝　E. 滑石
参考答案：ADE
答案解析：略。
2. 朱砂根据性状可分为（　　）。
A. 朱宝砂　B. 镜面砂　C. 豆瓣砂
D. 白砂　E. 辰砂
参考答案：ABC
答案解析：略。
3. 下列有毒的矿物类药材是（　　）。
A. 滑石　B. 雄黄　C. 朱砂
D. 信石　E. 石膏
参考答案：BCD
答案解析：略。
4. 下列属于砷化合物类矿物药的是（　　）。
A. 雄黄　B. 朱砂　C. 信石
D. 滑石　E. 石膏
参考答案：AC
答案解析：略。

二、名词解释

1. 条痕色
参考答案：
矿物在白色毛瓷板上刻画后所留下的粉末痕迹称为条痕，粉末的颜色称为条痕色。
2. 朱宝砂
参考答案：
朱砂呈细小颗粒状或粉末状者，色红明亮，触之不染手。
3. 镜面砂
参考答案：
朱砂呈不规则板片状者，色红而鲜艳，光亮如镜面，微透明，质松脆。
4. 豆瓣砂
参考答案：
朱砂呈不规则团块状者，颜色发暗或呈灰褐色，质重而坚，不易碎。

编者：昆明医科大学　杨淑达